东方自然风插花系列

Oriental Natural Floral Design

说

——茶席插花

倪志翔 贾 军 ◎著

中国林业出版社

The Sa Art and Floral Design of Tea Table

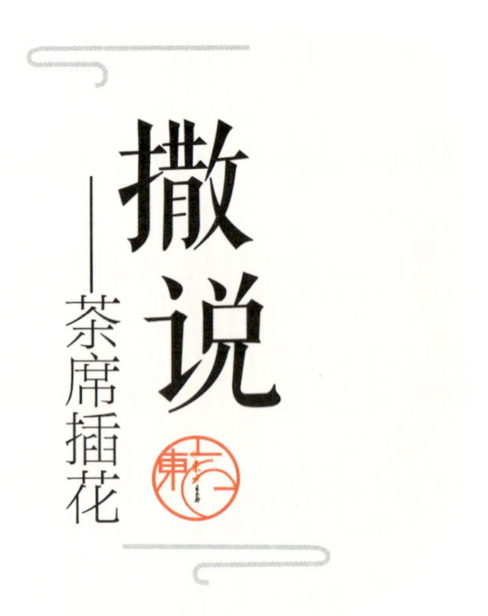

图书在版编目（CIP）数据

“撒”说：茶席插花 / 倪志翔，贾军著. -- 北京：中国林业出版社，2018.1（2022年4月重印）
（东方自然风插花系列）

ISBN 978-7-5038-9339-1

Ⅰ. ①撒… Ⅱ. ①倪… ②贾… Ⅲ. ①插花－装饰美术 Ⅳ. ①J525.1

中国版本图书馆CIP数据核字(2017)第262148号

责任编辑：印芳

出　　版：中国林业出版社
（100009 北京西城区刘海胡同 7 号）
电　　话：010 － 83143565
发　　行：中国林业出版社
印　　刷：河北京平诚乾印刷有限公司
版　　次：2018 年 10 月第 1 版
印　　次：2022 年 4 月第 3 次印刷
开　　本：710 毫米 × 1000 毫米　1/16
印　　张：11
字　　数：350 千字
定　　价：88.00 元

匠心说撒艺

2017年4月28日，在南京市庆祝“五一”国际劳动节暨纪念南京市总工会成立90周年大会上，首批十大“南京工匠”揭晓并受到表彰。这些“南京工匠”尽管行业不同、专业不同、岗位不同，但他们有着鲜明的共同之处，就是心有理想、身怀绝技，爱岗敬业、追求卓越。他们在平凡的岗位上书写着劳动者的不平凡，让我们为之震惊，为之叹服，为之激动，为之点赞。

党的十九大提出，要建设知识型、技能型、创造型劳动者大军，弘扬劳模精神和工匠精神，营造劳动光荣的社会风尚和精益求精的敬业风气。深入学习贯彻党的十九大精神，在大力弘扬“工匠精神”中做强叫响“南京工匠”品牌，是南京市总工会当前一项重点工作。欣闻花卉园艺（插花）工种“南京工匠”倪志翔先生《撒说——茶席插花》一书即将出版，当翻开一幅一幅赏心悦目的插花作品，感悟一点一滴精益求精的工匠精神，从心底产生了强烈的共鸣与感怀。本书把作者多年积累的专业知识、技术技能尤其是他的绝活“撒”以图文详解的方式，传授给喜欢插花艺术的朋友，更重要的是让我们不断增强对于“工匠精神”的理解，领悟坚守和执着的价值所在。

文化要传承，手艺要传代，知识要传递，精神更需要传播。南京有着悠久的历史、灿烂的文化，向世人展现出历史文化名城的深厚底蕴和绰约风姿。在南京历史上的每一个时期，几乎每一个民间工艺美术门类都有闻名全国的能工巧匠涌现。正是一代代、一批批民间工艺人将自己毕生心血和智慧，以及个人情感全部倾注到他们的作品之中，才使我们的艺术和生活如此精彩。本书作品展现出多姿多彩的民间本土文化，为了能够把花草最美的一面呈现出来，作者多年来经常钻进深山去探寻去感受，将自己融入大自然，聆听花的语言，与花草成为朋友，用执着与热爱生动诠释了追求极致的“工匠精神”。

借此序，期待作者立足新起点，在专业领域勇攀高峰、不懈前进，创造出更多经典，努力成为始终走在时代前列的“南京工匠”，为中国插花事业发展作出新的更大贡献。希望读者朋友们，以“南京工匠”为榜样，共同在全社会掀起学习“南京工匠”新风尚，让“工匠精神”成为南京人人向往的精神高地。

南京市人大常委会副主任、党组副书记，市总工会主席 

2017年11月

序二

东方自然风
——吹向国际舞台的中国风

插花艺术能够让人们在疲惫中寻得一份宁静，找到心灵深处对大自然的那份遥远记忆。

中国插花艺术源远流长，清代后期由于战争等原因衰落，改革开放后快速复兴。充满浓郁生活气息的古老艺术又重新走进我们的生活。琴棋书画诗酒茶香已经成为我们生活中不可或缺的一部分，特别是20世纪80年代后期以来，中国插花进入了发展和快速创新的阶段，大众对花艺设计的需求日益强烈并且呈现多样化特点。国际间的花艺交流增多，随着2010年世界杯花艺大赛在中国举办之后，中国传统插花也越来越多的走向国际舞台。

但身处各种新事物、新知识、新经验层出不穷的时代，我们要学习的知识多得很，不论是谁，只要停顿下来，不学习新东西，肯定是要落伍的。中国插花不仅仅要继承传统，更要适应并融入国际竞争的大市场，这已经成为我们的新课题。广大花卉人都应增强学习的自觉性和紧迫感，以“闻鸡起舞”的精神和坚忍不拔的毅力，不断拓宽视野，发挥潜能，行业才会有更大的有发展空间。

李嘉诚以前说过，人第一要有志，第二要有识，第三要有恒。一个人的一生是十分短暂的。一个人的价值不在于他拥有什么，而是在于他做了什么，付出了什么。作为一名花艺师，必须要了解本民族的艺术，也要熟知国际花艺发展的潮流。自倪志翔先生代表“中国优尼”参加了两次世界杯之后，我看见了他快速的成长，这与他的努力是分不开的，他在追求花艺梦想的过程中，继承传统并创新，并建立新的艺术体系，追求无我的艺术精神，坚持不松懈，努力不怠慢。通过他的付出，我们可喜地看到了他日渐成熟的东方自然风体系，古为今用洋为中用，为他高兴，他已实现了不平凡的自我。相信他还有更广更宽的提升空间。在新书即将出版之际，愿他再接再厉多做好作品再创新辉煌。最后，祝《撒说——茶席插花》的读者们事业如花般美丽，生活如茶般芳香。愿中国花艺走向世界，在不久的将来去引领世界花艺之潮流！

INTERFLORA国际花商联中国管理机构 董事长 王兴国

2017年11月

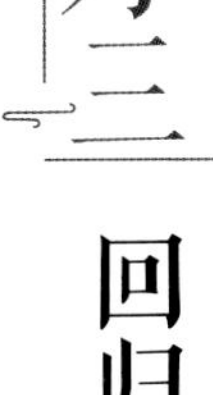

回归初心

今天，快速发展的现代经济模式和生活消费理念使得花艺与社会关系越来越亲密，现代人对生活品味与生活质量的追求与花艺、茶艺、养生之道等融于一体，和谐与共。

探索东方传统插花背景和西方花艺设计的浪潮双重影响下的中国插花艺术的走向，建立符合适应大众社会需要，同时又能够结合中国特色的花艺设计体系尤显得重要。当前中国插花与中国的花艺设计重点已经从过于单一的历史理论和传统造型向建立系统的设计思维在转变。现代的插花艺术与花艺设计更加追求设计创新的系统方法和现代思想的应用。当我打开《撒说——茶席插花》样书的那一刻，突然有一份淡然，有一种宁静。这是心灵的回归，是自然与灵魂的契合，我便一见钟情般地喜欢上了这本书，感受到的是自然与和谐。仿佛魔术般的中国传统插花技法重现在我的面前，这正是我所期望看见的花与茶的结合。从选材到制作过程以及“撒”技法图文并茂的说明与解析，既有传统思想的传承，更有时代性、前瞻性、应用性和示范性。本书为茶席插花开辟了新思路、新方法，也为学习者提供了实用性的蓝本。

认识倪志翔快有20个年头了，从最初的初出茅庐到今天国际花艺设计大赛的冠军，如果说他今天是成功的，这与他持之以恒的努力是分不开的。他的作品中有他的勤奋与真诚、善良与执着，构图瑰奇多姿，浓而不俗，艳不失雅，观赏者能从中品味出他扎实的艺术功底和深邃的意境，有传统的高贵之气，也有他特有的那份艺术灵气。透过这本书，我似乎看见了中国插花艺术腾飞的吉兆。

以上片言只语，聊以为序。

中国资深花艺大师 王绍仪

2017年11月

自序

做撒插花，品茶听禅

随着人们生活品位的不断提升，插花已成为茶席中不可或缺的重要元素。如何插制茶席花，如何品赏茶席花也成为人们喜闻乐道的话题，因此著者特编撰本书，对茶席插花的制作与品赏进行系统的讲解与阐释，以便与业界同仁及广大茶席插花爱好者共勉。

插制茶席插花的主要技法即中国传统插花固定花材的经典技艺——撒的制作与运用。撒就是充分利用器皿及材料本身的特质以达到固定花材的效果。狭义的撒是在器口或器皿内部固定枝条作撒，进而用撒来固定花材；而广义的撒则泛指一切借助力学原理固定花枝的材料和技巧，不局限于材料本身的形质。

根据撒的位置及撒与器皿之间的施力关系我们将撒分为两种形式：内力撒和外力撒。一切借助器皿内部固定花材的方式，我们称之为内力撒；借助器皿沿口及器皿以外的力量固定花材的方式，我们称之为外力撒。

最常见的内力撒做法是截取长短适宜的枝段固定在器口，作为媒介起到支撑花材的作用，如一字撒、十字撒、井字撒等等。其次是不假借其他任何材料，利用枝条与器皿内壁接触、挤压产生的弹力固定，这种方式要求枝条本身要具备较强的柔韧性。再者是巧妙借助橡皮筋的弹力，在枝条根部绑上辅枝作弹力撒的方式固定。

外力撒通常利用枝条本身作撒，人为的将枝条劈开或在适当位置做一个凹槽，并将其咬合在器口固定，做撒、造型，一举兼得。其次是对枝条的天然形态有一定要求的固定方式，选用带有杈口的枝杈，将其卡在器皿沿口作撒。

做撒的方式并不唯一，要善于观察器皿及材料的特点，根据花型找到最佳的固定方式。好的撒时常起到四两拨千斤的效果，做得好、做得巧，很大程度上是一件作品成败的关键。但无论哪种做撒方式，都要始终保持器口利落清爽，不露人工痕迹，同时要兼顾枝条与撒的衔接关系。如何自然过渡却不显生硬，其中之法、之巧钻研起来，可谓妙趣横生。

书中所涉及的插花作品由我创作并进行步骤讲解，其作品的命名、赋诗，及解析由贾军老师撰著。因是抛砖之举，难免疏漏与不足，欢迎大家批评指正。

在本书的成书及出版过程中，曾得到王莲英老师及周金田社长的支持和帮助，特向两位师长表示由衷的敬意和感谢。书中的图片采集，花材介绍，及制作过程的文字整理均得到东方自然风团队成员李慧、路翠敏、张雅雯、黄梦圆、雷香等人的协助，对他们的努力与付出也表示诚挚的谢意。最后，特别向一贯支持插花花艺事业的中国林业出版社致敬，为我们多次合作所建立的深厚友谊而祝福！

2017年10月19日

目录

外力撒

撒说——茶席插花

内力撒

最常见的内力撒做法是截取长短适宜的枝段固定在器口，

作为媒介起到支撑花材的作用，如一字撒、十字撒、井字撒等等。

其次是不假借其他任何材料，

利用枝条与器皿内壁接触、挤压产生的弹力固定，

这种方式要求枝条本身要具备较强的柔韧性。

再者是巧妙借助橡皮筋的弹力，

在枝条根部绑上辅枝作弹力撒的方式固定。

盼 PAN

一望春来顾
二望春且驻
三望春常在
日日春光沐

作品解读

本作品运用的“内力撒”仅适宜这种容器口向内收敛的器型，如果容器口是外扩或者与器身一致的器型，就没有支撑枝条的凭借，形成不了内力，实现不了撒的效果。

此外，在左右枝条的开展角度和态势营造方面既要考虑彼此呼应与顾盼的关系，也要根据一定的黄金分割比例关系来确定枝条的长短与高差，切忌在同一视面呈现为等长、等高、等角的状态。

1.「做撒固定」将枝条基部的杈口卡在瓶口上，靠近基部的分杈枝弯曲压入瓶内，利用枝条自身的弹力，使其两端与瓶身紧密贴合，形成稳定的拱形。注：利用自身弹力固定的撒，要选择质地坚密又富有柔韧性的枝条。

2.「花材固定」花倚靠枝杈固定，花梗基部抵在瓶内壁上，防止其受力不均而歪倒。

素材　火棘、孔雀草

容器　手工素烧胚陶瓷禅意小瓶

老藤

LAOTENG

平生频借力
借力上青云
青云未终极
终极更九重
九重难借力
风云值作梯

作品解读

此作品的妙处在于枯藤、枯枝的运用，不但扩展了空间维度，还形成了一种向上攀升的张力。与主花的态势遥相呼应，给人一种积极进取的力量。而枯枝、枯藤更加强了这种进取中的艰辛，体现了一种不屈不挠、永不放弃的坚持。

作品左侧绿叶与枯藤、枯枝不但形成了异质材料的对比，同时也带来了生命的气息，是新生力量不断涌现的象征。

而瓶口左侧两段横出的小枝段虽然短小，但也是不可或缺的，它们起到了均衡画面的作用，稳定了作品的重心。

1.「撒固定」①撒的作用是固定和支撑花材，不拘泥于形状和材料。本作品选用枯藤作为主枝，借助藤条纵横交错的特性，起到撒的作用。
②将枯藤基部收拢，插入瓶中，卡在瓶口固定。
③枯藤取拥抱观者的势头，向前 45° 倾斜；将搅杂方向、影响走势的碎枝去掉，枯藤越往梢部越轻盈。

2.「花材固定」将狼尾蕨根部插入枯藤的缝隙中固定，叶片阳面向上，部分根系裸露在瓶口外。

3.「花材固定」花与藤蔓均插到瓶口的缝隙中固定；花与叶相互避让，且花要微微向主枝倾斜。

1

2

3

素材 细枯藤、洋桔梗、何首乌、狼尾蕨

容器 手工素烧胚陶瓷禅意小瓶，紫砂茶具

壶趣
HUQU
锈铁沉古韵
芳菲浮新色
好茶腹中味
分杯何厌多

作品解读

本作品的妙处在于花与容器形成一类似于茶壶的整体造型，十分适合茶席陈设。

带刺的枝条与古拙的器型形成粗犷的辉映，秀美的花色与其形成鲜明的对比，隧将茶的古朴传承与雅致品鉴巧妙融合，于粗犷中见灵秀，而倍加动人。

1.「做撒固定」将枝条的基部贴在瓶壁上，利用枝条的韧性将其弯曲，再将枝条上的小杈口卡在瓶口固定；枝条受力向两端弹开，与瓶壁紧密贴合。

1

2.「花材固定」将枝条基部与瓶壁的贴合处拉开，借助撒的弹力，将花压在枝条与瓶壁之间；花向枝条梢部微微倾斜，与之形成呼应。

2

火棘、蔷薇

手工素烧胚陶瓷禅意小瓶

妙笔生花

MIAOBI SHENGHUA

笔走险势俊逸驰

花开无向伶俐出

作品解读

本作品一定要整体地欣赏，单看花则弱，单看器则浑，单看实物、具象则上下反差过大，难于调和，所以必须融于环境，融入空间，全面地、整体地审视，才能见出情致，品出趣味。因此本作品中最妙的处理便是将硬直的枯枝进行了两次弯折，改变了其原来的发散型走势而成为框景的轮廓，使原本自在的虚空一下子成为构图的囊中之物，成为作品花与器、上与下加强联系、意趣统一的关键。正是有了这一折曲而形成的框囿，才使得上面花型的部分有了足够的分量，使得下面容器的部分有了必要的通透。可见中国插花不可以一花一器计较，必须从空间的、立体的角度整体地品赏。有空间才会有意境，整体美才是真正的美。

1

2

3

1.「做撒」截取一段适当长度的竹签，交叉放在枯枝基部；橡皮筋拉紧，同方向缠绕，将竹签与枯枝捆绑在一起。

2.「撒固定」大拇指抵在竹签的一端，食指勾住枯枝防止其受力倾斜；两端收拢形成弹力，再将其插入瓶中，固定。

3.「花材固定」橡皮筋的弹力作用使竹签倾斜卡在瓶肚位置，枯枝悬空立于瓶中，固定牢靠。

4.「花材固定」①枯枝太直，缺乏美感，人为制造两个折点，以改变枝条的走势，使线条富有韵律：枯枝在适当位置掰折，使其 45° 前倾，形成一根下垂枝。
②取一朵紫娇花竖直插入瓶中，并截一根短枝将花卡在瓶口位置，防止其滑入瓶底。

4

素材 枯枝、紫娇花

容器 手工素烧胚禅意小瓶

般若

BANRUO

一花一世界
一叶一菩提
闲坐江渚上
静听风絮语

作品解读

翻卷的枯荷叶与容器的不规则造型形成一种呼应，天地万物仿佛就在这残叶的舒卷间开合滋生。对比协调是这件作品运用得最为精到的原理，荷叶的枯而卷与绿叶的鲜而平在大小、色泽、质感、姿态方面都是一种对比与映衬，然而这绿叶的鲜活恰恰又是荷叶鲜活时的缩影，让人能够很好地将二者联系起来，现实里这是铜钱草，而艺术作品中它就是荷叶，荷叶干枯前的样貌，干枯荷叶的前身。所以此处对比的不只是当下的两件事物，还有一件事物的不同时期，是时间的穿梭与映照。可见选材很是重要，若不是这状若荷叶的铜钱草便不会有这更进一层的对比，也不会有这意象里的协调。

插花之用心从选材开始便大有作为。

1

2

1.「做撒」铜钱草基部聚拢，拧成一束，所有叶片阳面向上，穿透干枯的荷叶，裸露在卷曲的叶面外。

2.「花材固定」①将枯叶放入盆中，一端搁在盆口，一端浮于水面。

②另取几根线条优美的铜钱草，压在枯叶下方固定，叶片均阳面向上，匍匐在水面，以增强作品的景深感。

③摘几朵天鹅绒花放入盆中做浮花：白花圣洁，盈盈浮于水面，给作品平添了几分禅意。

素材 枯枝、枯荷叶、铜钱草、白花虎眼万年青（天鹅绒）

容器 手工素烧胚异形浅盆

锁玲珑

SUOLINGLONG

洞庭碧螺春
安溪铁观音
书香共茶香
愿锁玲珑心

作品解读

本作品看似漫不经意，却巧妙地利用枯枝完成了画面的分割、空间的布局，以及花材的固定3项使命。枯枝在这里不仅起到了“撒”的作用，并且在作品的构图中还体现了“欲露先藏”的艺术手法，其本身的错综造型与混沌色彩，皆与表现主体的绿叶、红花形成鲜明的对比，在花叶的外围形成一道屏障，令花叶隐于其中，若隐若现，若即若离，让观赏者的视线在透过乱枝的迷离抵达蔷薇的鲜艳时经历一个探寻、洞悉的审美过程，增添了作品情致，为简单的小茶花丰富了审美层次。

1.「做撒固定」枯枝枝杈较多，将其基部抵在盆壁边缘，再取几根分叉枝压入盆中，利用枯枝自身的弹力固定。

2.「做撒固定」继续在盆中加入枯枝，固定方式同上；枝杈彼此交错，形成放射状撒。

3.「花材固定」蔷薇花插入纵横交错的枝杈间固定；藤蔓为弧线条，盘绕在枯枝上，与之形成曲直对比。

1

2

枯枝、蔷薇、牵牛花藤

手工素烧胚浅盆

3

邀月

YAOYUE

半泓碧水半泓天
一片真醇一片癫
有闲得烹新茶备
诚邀明月共悲欢

作品解读

本作品用浮花的形式，巧借枝杈做分水岭，将水面三分，两处着花，一处空落，令画面形成虚实的空间关系，并且取得近于1 ：2 的比例效果，在小小空间中运用较少素材便获得多样的变化，生动而调和。这种空间分割的效果，极易令人联想到道家的八卦图，有画外之深意，可供人追寻与玩味，提升审美境界。

1.「做撤固定」①取质地坚密又富有柔韧性的枝条，截取分叉部分，两端斜剪，使剪口与盆壁完全贴合。②将分杈枝弯曲压入盆内，利用其自身弹力抵在盆壁上固定，三点支撑形成稳定的“Y”形撤。注：撤的长度要恰到好处，不可太长或太短。

1

2.「花材固定」①取雏菊、天鹅绒花头部分浮于水面，形成白绿相间的月牙形浮花，水面一半留白。②撤的作用是将水面空间分隔开来，使浮花无法越过撤固定的范围。

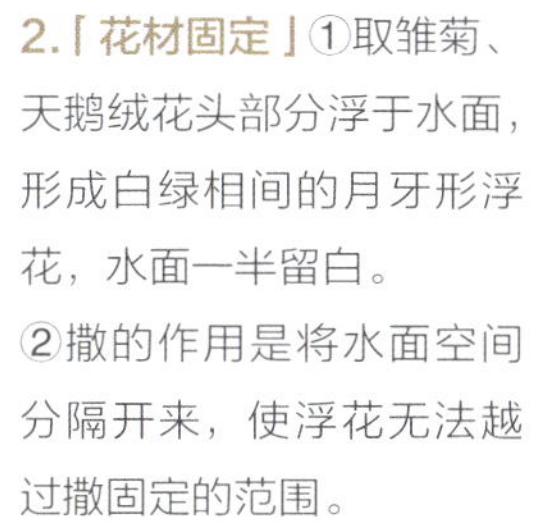

2

素材

枯枝、小菊、百花虎眼万年青(天鹅绒)

容器

手工素烧胚陶瓷花盆、紫砂茶具

MOCHI

墨池

秋凋碧树黄叶落
繁华尽褪
墨写丹青浓淡中
满腔重彩

作品解读

以石为撒不但能够取得较好的花材固定效果，并且可以提供非植物性的异质元素，同时还可以营造地形变化及景观效果，可谓一举多得。本作品采用与容器同色的黑色鹅卵石进行铺陈，很好地取得了和谐的效果，并且自然地呈现出水、旱两种空间环境，为花材的添加和画面内容的构建创造了有利条件。整件作品浑然天成，虽由人作，却不露痕迹，十分可贵。

1.「做撒」将鹅卵石铺到浅盆中，水面留白 40% 以上；鹅卵石与浅盆质感相似、颜色相近，二者搭配和谐、浑然一体。

2.「花材固定」将枯叶放在鹅卵石及水面上；再将蝴蝶兰的花朵摘下，点缀盆中，宛若摇曳的浮花，又似栖息的蝴蝶。

3.「花材固定」①点、线、面构图：在枯叶上方加入枯枝，增强作品的立体感与景深感。
②从枯枝、枯叶中冒出一株绿芽，枯荣交替，寓意着希望与新生命的萌芽——生命轮回，万物生长。

1

2

梧桐枯叶枯枝、蝴蝶兰、黑色鹅卵石

手工素烧胚陶瓷黑色浅盆

3

流芳

LIUFANG

茶叶一瓣透齿香
花心一点韵悠长
把盏清茶对倾心
拙根老木亦流芳

作品解读

中华文化“茶”是君子的修为，君子品茶，不只是一种饮趣，更是一种对人生的思考与参悟，禅家更是将茶作为一种修行的功夫。因此茶席花的插制贵在小，而不在大，但“小”并不是目的，“小”要能“小中见大”。所以一般对于花型和容器的比例关系，往往会选取反比例的构图方式，即容器与花型的体量之比为 8 ∶ 5 或 5 ∶ 3，容器为大，有囊天阔地之寓，花型为小，有画龙点睛之意。

本作品就是采用了这样的比例关系，并且在整体花型动态的构筑上也采用了比较少见的略带下垂的水平走势，使作品整体稳健而又不失别致。

1.「撒固定」①将六月雪基部的枝杈向下收拢，插入瓶中，利用枝杈的弹力及瓶口的支撑力固定。
②六月雪做主枝，向前 45° 倾斜；将向下生长的叶片全部修掉，枝条越往梢部越轻盈。

2.「花材固定」枯枝插入瓶口的缝隙中，与主枝同方向倾斜；将搅杂方向、影响势头的枝杈全部修剪掉。

3.「花材固定」①狼尾蕨、蔷薇花均从枯枝与六月雪之间插入瓶中，卡在瓶口的缝隙中固定。
②狼尾蕨叶面向上，前后对应：向后的叶片打开后方空间，填补空白；向前的叶片既起到衬托上方蔷薇花的作用，又起到聚焦、遮挡生长点的作用。

1

2

3

枯枝、六月雪、狼尾蕨、蔷薇花

手工素烧胚陶瓷彩釉花瓶、紫砂茶具

XINZHAI
心斋
收天地之灵秀
集日月之光华
酿纯然之生气
放本色之香花

作品解读

本作品通过容器硕大的体量与主花形成鲜明的对比,突出了主花的精要,也显出了一花之难求。容器湛蓝的深邃，和釉色的光泽，令人联想到浩瀚的宇宙，和宇宙中无数的星辰。

一朵小小的蔷薇，令人联想到我们微尘般的生命，或者是那一份赤诚的情怀。对着它就如同对着我们自己，我们来此一遭的初衷，我们终此一生的向往，那些生命底蕴的追问，便一一推演开来……

1.「做撒固定」桂花枝韧性较强，适合利用自身弹力做撒：枝条一端抵在瓶口，另一端弯曲压入瓶内，依靠自身弹力卡在瓶口固定。

2.「花材固定」将枝条与瓶壁的贴合处拉开，利用撒的弹力，将花压在枝条与瓶壁之间；花与枝条均向前 45° 倾斜。

桂花枝、蔷薇花

手工素烧胚陶瓷彩釉瓶

记忆

JIYI

斑驳一身荣槁
妍丽几出新韶
摇落难收旧拾
风姿不改初妆

作品解读

谁都能够看出这件作品中藤蔓所起到的关键作用，如果没有它，整个作品便失了灵魂，没了神采。它是整件作品中的神来之笔，方向、角度、长短，乃至叶片的取舍，俨然都花费了一番心思。可见好的作品不必处处精彩，而高妙之处也不必只是焦点花材。

1.「做撒固定」将分杈枝收拢，倒插入瓶中，枝杈恢复原状时自身的弹力使其牢牢卡在瓶口固定；注：截取的枝条韧性要好，且至少有三个分叉枝，三点受力才能形成稳定的支撑关系。

2.「花材固定」藤蔓插入撒的缝隙中，其基部抵在瓶壁上，倚靠瓶口固定；藤蔓叶面朝上，向前 45° 倾斜。

3.「花材固定」花均插入撒的缝隙中，且微微向藤蔓倾斜；情人草为散状花材，枝杈自然搭在瓶口；牵牛花倚靠交错的枝叶固定。

1

2

3

枯枝、何首乌藤、情人草、矮牵牛

手工素烧胚陶瓷创意掉渣瓶、紫砂茶具

海棠别趣
HAITANGBIEQU
海棠知茶苦
欲分主人忧
红粉尚未足
强妆扮酒坛

作品解读

这是一件饶有趣味的作品，尚且青涩的海棠果，两段分叉的海棠枝，竟给了作者无限联想，令其在这个坛罐状的容器上做文章。与其说是“插花”，不如说是“插瓶”，因为在此作品中容器显然已经成为了造型的主体，而花材则仅作为装饰和点缀，很有异形容器插花的味道。

经过这样装扮的瓷器到底像什么？大家不妨说说看。

1.「做撒」取一截与瓶孔粗细一致的海棠枝，保留线条优美的小侧枝，并将其调整到水平方向，塞入瓶孔固定。

2.「做撒固定」将分杈枝插入瓶中，抵在瓶壁上；再将枝条的基部压入瓶中，卡在瓶口位置，枝条自身的弹力使其牢牢固定。

3.「花材固定」调整瓶的方向，使海棠枝向前 45° 倾斜；将多余的枝杈及叶片修剪掉，使作品更具神韵。

1

2

3

海棠枝

手工素烧胚陶瓷瓶

作品解读

本作品之所以采用两支主花形成焦点区域，是因为这种白色小花的体量感不足以单独撑起这件作品的点睛之笔。而这种通过主花和辅花的辉映关系共同构筑作品趣味中心的做法在传统插花的创作中也颇为普遍。但在具体应用时要注意主花和辅花的区别，二者主次关系要明确，可以从花朵大小、花枝长短、位置高低、前后层次等方面进行区分，切忌齐头并进、旗鼓相当。并且两支花的距离不宜过远，过远则会导致焦点丧失，花形分散。

1.「做撤固定」截取一根“Y”形枝杈，水平卡在瓶口固定；枝杈的长度要恰到好处，不可太长或太短。

2.「花材固定」枯枝做主枝，向前 45° 倾斜；将其卡在“Y”形枝杈的杈口处，利用杈口的支撑及咬合固定；藤蔓和花倚靠撤及瓶壁的支撑固定。二者悬空而立，与主枝同方向倾斜。

枯枝、何首乌藤、一年蓬

手工素烧胚陶瓷瓶

七夕

QIXI

一岁得一日
一日守一年
得之莫甚喜
守之莫怨叹
惜别自珍重
夜夜星灿灿

广袖红颜

GUANGXIUHONGYAN

镜瓷泛幽光
照我发成霜
何以慰风尘
佳人长袖翩

作品解读

这一款玲珑剔透的瓷器，仿佛一面镜子，直照进人的内心深处，那心底的渴望依稀是谁的倩影，广袖罗裙，正踏着歌声翩翩起舞……

作品通过不同质感、不同色彩、不同姿态的花、叶、器三者的巧妙组合，营造了一个神秘梦幻的情境，而在这个幻境中小小的蔷薇恰似一个年华正好的女子，翠绿的枝叶则是她的飘然长袖，二者在舞动的瞬间被定格成凝固的画面。

最妙是花朵的倾探与枝叶的回抱正形成了两两呼应的态势，其间大段的留白恰恰饱含了满满的情致。正所谓“空亦是满，满亦是空”，于无声处诉说，更胜过万语千言。

桂花枝、蔷薇花

手工素烧胚陶瓷彩釉瓶、茶具

1.「做撇」桂花枝向前 45° 倾斜，将其放在瓶口测量，在枝条与瓶口的接触点斜剪一刀，剪口不可太深，防止枝条折断。

2.「撇固定」枝条向上弯曲，使剪口完全暴露，再将其卡在瓶口上。

3.「撇固定」将枝条基部压入瓶口固定，形成一字撇。

4.「花材固定」①枝条越往梢部越轻盈，梢部叶片回旋，“回望”出点。
②蔷薇花倚靠桂花枝固定，其基部抵在瓶壁上，且微微向主枝倾斜呼应。

如烟

RUYAN

一缕轻烟一段香
一段香出彻席芳
袅袅香烟无断绝
悠悠往事心头漾

作品解读

本作品以枝条的柔美曲线来配合容器的弧线轮廓，可谓因态就势，顺其自然，所以作品的整体造型和谐而柔美，花与器浑然一体，器若花的汇聚，花若器的延展，十分自然。在这样的作品中若要求得变化，使每个枝条带有一定的个性，就要从枝条的长短、粗细上下功夫。本作品正是通过花枝与叶枝的对比关系，通过叶枝的长短，及叶片留取的多少，来求得相应的变化和差异，使枝叶上下翻飞，使花枝欲拒还迎，情趣盎然，十分可爱。

而作品中撒的应用也是借助枝条弯曲的弹力来实现的，其外貌与插花造型巧妙地达成了一致性，因此整件作品可以说是对曲线的讴歌。

1.「做撒固定」用大拇指抵住枝条的底部，将靠近底部的枝杈向下弯曲，形成一个“N”字形。

2.「花材固定」将“N”形撒插入细口瓶中，利用枝杈的弹力固定。

3.「花材固定」调整枝条的走势和方向，使其叶面朝上且向前45°倾斜；紫薇花插入瓶口的缝隙中，倚靠撒悬空而立，其方向微微向主枝倾斜呼应。

桂花枝、紫薇花

手工素烧胚陶瓷彩釉瓶、紫砂茶具

避风港

BIFENGGANG

风卷云遮日
雨骤水成河
山川待重头
桃源避风波

作品解读

这是一件典型的以点、面构筑空间的插花作品，主体花型部分缺少线的元素，这在中国传统插花中实不多见，是一次大胆的尝试与探索。

作品以荷叶为盘，其他枝叶穿插其上，形成点、面间的虚实对比，借此来求得生动与变化是其构图的基本手法。其整体花型的安置也一改平常的承托式竖向开展，而取壁立式横向开展的造型，且作为花型基础面的荷叶与容器口形成近 90° 的夹角，更是别具一格，独领风骚。

这种特殊的造型与容器结合在一起，顿时生出许多联想，撑伞的贵妇、山顶的雷达、风吹起的盖子……哪个才是作者的灵感源泉？就让我们在回味中仔细参详。

1.「花材固定」将荷叶柄摘除，只保留叶片部分；瓜子黄杨穿透荷叶包裹在卷曲的叶片中。

2.「做撒固定」从黄杨枝中间剜去一块做折点，两端对折成“V”字形插入瓶中，利用枝条自身的弹力固定。

3.「花材固定」彩叶草穿透荷叶，固定在叶片中；作品整体侧倾 45° ，以展现其最美姿态。

1

2

荷叶、瓜子黄杨、彩叶草

手工素烧胚陶瓷瓶

3

GANLU
甘露
净瓶凝甘露
护花日日新
久旱不得润
点滴施恩泽

作品解读

这一件净瓶插花的近直立造型在茶席插花中十分常见，因为这种向上的趋势能够给人的精神一种积极进取的引领，可以潜移默化地提升人们修养的境界，所以在参禅品茶活动中直立式插花造型会备受推崇。

插制直立式作品关键在于比例尺度的把握。花型高度与容器尺度的比例要根据黄金分割的比例关系而定，通常取容器尺度的 1.5~2 倍。焦点花的位置宜在整体花型中轴线的下 1/3 处或再偏下一点，以便稳定重心，保持均衡。

1.「做撒固定」截取一段枯枝固定在瓶口做一字撒；再截一根 "v" 形枝杈，两端收拢倒插入瓶中固定。

2.「花材固定」马兰叶做主枝，向前 45° 倾斜；将其插入瓶口的缝隙中，利用撒及瓶口的支撑力固定。

3.「花材固定」所有花材均从一个生长点向外放射，花材之间相互支撑、相互咬合；随着花材越加越多，固定越来越牢。

1

2

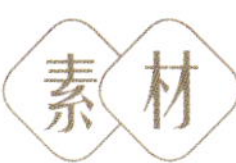

枯枝、马兰叶、狗尾草、紫薇

手工素烧胚陶瓷瓶

3

QINGXIN
倾心
君子志高远
佳人性醇良
若求倾心对
茶韵品幽香

作品解读

本作品主体容器的造型有如穿着旗袍的女子身形，让人不禁联想到电影《花样年华》的风情。然而作者用枯藤折曲的线条与质感与其搭配，似有错位之嫌，却在视线的急转直下处赫然让我们撞见那杯心的一道温暖，是欣喜，是感动，尘埃落定间，一切又归于宁静的安闲。

在以单一线条为表现主体的插花作品中，枝条与容器的比例关系是成败的关键。容器的体量不但要能稳定作品的重心，更要能控制线条的走势，不致有挣脱或顺带之感。而线条的造型、长短、质感等因素则要能使其同容器形成一定的异同，才会使画面具有张力，从而加强作品的艺术感染力。这里“异”是必然的，重点是“同”该如何求得，所有的外在形式通常都是差异性的特质，所以“同”必须是一种超同近似的感觉，比如“质感”、“体量感”、“意象性”等。在这件作品中作者便是通过折线框景的虚空间与容器达成了体量感的协调统一。

1.「做撒固定」将枯藤基部掰折成"V"形，再将其插入瓶中，卡在瓶口固定。

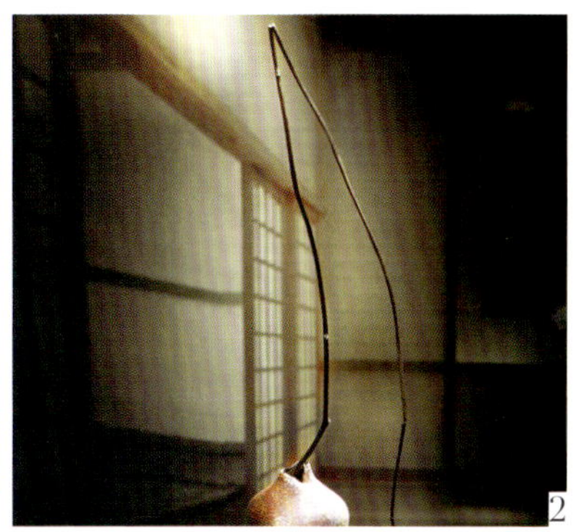

2.「花材固定」①枯藤在适当位置掰折，形成一根前倾的悬崖枝。
②茶杯摆放在悬崖枝的正下方，硫华菊花梗弯曲盘于杯中，仰面向上，与枯藤的梢部形成“对望”。

枯藤、硫华菊

手工素烧胚陶瓷创意掉渣瓶、紫砂茶具

QIAO
瞧
临渊羡鱼趣
登高慕飞鸟
何妨凭此身
神游太思邈

作品解读

本作品的极妙处尽在主花俯身颔首，恍若窥探的俏皮姿态。因为这种花材的造型是人工造作不来的，全凭偶拾巧遇，进而借题发挥，因势利导，才能成此佳作。而若作品中只有这一枝主花呈此姿态，则未免孤家寡人，太过突兀了些，所以取与其相近姿态的小花枝在作品另一侧与其呼应配合，才能将其融入整体画面，使其趣味得到进一步的延伸和拓展，可见花型左侧下方那一小小的弧线也是必不可少的神来之笔，二者共同构筑了整件作品的趣味空间，缺一不可。

1

1.「做撒固定」截一段枯枝固定在瓶口做一字撒，枝条两端斜剪，与瓶口完全贴合；再截一段“V”形枝杈，两端收拢倒插入瓶中。

2

2.「花材固定」马兰叶、硫华菊均插入瓶口的缝隙中，利用撒及瓶口的支撑力固定。

素材　枯枝、马兰叶、硫华菊

容器　手工素烧胚陶瓷禅意小瓶

暖

NUAN

好炉燃茶火
好火护茶温
殷勤问宾客
茶水暖不暖

作品解读

但凡细心人都能发现这件作品中的主花和前一件作品中的主花为同一枝花材，可见作者对此难得的花姿是何等喜爱和器重，正好借着这两件不同造型的作品向大家展示同一枝花材由于容器和配材的不同，可以生成的不同韵致和情趣。

在这件作品中由于没有大量的直线条与其形成鲜明的对比，因此无需寻找与其同形的素材来实现融合。主花姿态弯曲，辅材姿态也是弯曲，即便二者有质感和体量的差别，但在概括的线形关系和动态方向上是一致的，便能够很好地取得和谐。

撒在这件作品中的应用也有其独到之处，采用的是多枝条捆绑成束，靠花枝间的挤压关系来稳定花枝的技法。而这种花材固定的技法在现代环保式插花中已经得到广泛应用。

1.「做撒」将枯枝截成若干小段，用橡皮筋将其捆绑成一个柱体贴瓶口放置；再在瓶口做一根横撒卡住柱体，防止其下滑。

2.「花材固定」硫华菊插入枯枝的缝隙中卡住，且向前45° 倾斜。

3.「花材固定」①绣线菊只保留向上的枝叶，将其轻轻掰折到所需角度，注意折枝的力度，折口不可太深。
②再将其插入枯木的缝隙中，与硫华菊基部紧贴，从一个生长点出。

1

2

3

素材

枯枝、硫华菊、绣线菊

容器

手工素烧胚陶瓷气泡釉花瓶

禅舞

CHANWU

奉茶三杯饮
禅舞起娉婷
袅娜杨柳态
挥袖往还迟
款步罗裙动
摇曳身自在
明眸淡秋水
骚客莫浪猜

作品解读

在完成一件插花作品的创作过程中，我们往往会有阶段性的收获，也就是说某个阶段的造型也会呈现一个完熟作品的况貌，也具有较高的造型效果和艺术魅力。这件作品的创作便有如此情形，当枝条和主花的位置确定好之后，这个角度的插花造型便已经有情有态，可以顺势收工了。但作者依然进行了深入的探索，缩剪了枝条长度，除去了一朵主花，改变了绿蔓的态势，并将主视面位置调到原来的左侧向，整体造型顿时别具一番韵致与情境。

插花创作时我们可以着力去尝试这种不断进取的减法，就好像在观赏一个舞蹈的不同瞬间，情趣盎然。

1.「做撤固定」将枝条基部的枝杈向下收拢，插入瓶中；利用枝条自身的弹力使其固定在瓶口，形成具有稳定性的三叉形撤。

1

2.「花材固定」中国桔梗、何首乌藤均插入撤与瓶口的交叉处，倚靠撤固定；二者均悬空而立，向主枝方向倾斜呼应。将多余的枝杈、叶片修掉，使作品更清爽挺拔、动势更强。

2

五叶木通、中国桔梗、何首乌藤

手工素烧胚陶瓷创意掉渣瓶

通会
TONGHUI
陋壶藏玄机
荏苒复蹉跎
它朝得天时
融会能贯通

作品解读

艺术创作能够带给我们的美丽与惊喜，远比我们可以想象的多得多。这一段枝叶并不甚出彩，在大多的插花创作中也许就是废材，然而艺术创作的魅力往往就在于变废为宝，在真正的艺术家眼中没有无用的材料，尤其是有生命的植物。艺术家的创作能力不仅在于能够发现美的眼睛和能够创造美的双手，更在于热爱生命的本心。所以我们在这里能够看到几片叶子、几个枝丫、一段裸藤，在一个沉郁的器皿中跳动出鲜活的绚丽。

1.「做撒固定」将靠近枝条基部的枝杈向下弯曲成“N”字形插入瓶中，利用枝条自身的弹力固定。

2.「花材固定」①五叶木通韧性较好，轻轻掰折枝条使其向前 45° 倾斜。②只保留向上、有神韵的叶，使枝条更苍劲挺拔。

素材

五叶木通

容器

手工素烧胚陶瓷气泡釉瓶

省 XING

莫叹花时少
莫悲秋风早
莫愁丘壑中
上下无芳草

作品解读

本作品中撒的材质选择可谓颇有匠心，如果是其他植物材料的固定则不好用铁丝处理，而藤本材料自然有蔓曲的攀援茎，可以通过褐色铁丝的拿捏以假乱真地造成这种柔蔓细枝的效果，乍一看根本看不出端倪。

作品中先端枝叶的环抱处理也耐人寻味，比起径直一个方向的舒展，这种浪子回头的姿态能够营造书法收笔的顿挫感，简洁而有力量，与下方折枝形成呼应，也弥补了作品中线形粗细缺少变化的不足。

1.「做撒固定」将铁丝缠绕成山藤状，两端拧成一股捆绑在五叶木通上，再将其弯曲成“U”形塞入瓶中，卡在瓶口固定。

2.「花材固定」①五叶木通线条曲折、极具美感，作品主要展现枝条的线条美：将枝条从捆绑点向上掰折，使梢部势头向上，45° 前倾；末端顺势下垂，落入茶杯中固定。

②将多余的枝叶修剪掉，枝条梢部要轻，折点的美要完全展露。

素材

五叶木通

容器

手工素烧胚陶瓷创意掉渣瓶、紫砂茶具

窗

CHUANG

向阳枝头逢春早
绿叶窥问羁客好
满室丹青茶正香
清风明月欲推窗

作品解读

本作品巧用枝条的分叉，勾勒了一个四方的框景，取其一角铺陈画面，窗的故事就此展开……

像这样的作品由于材料的造型并不多见，可以说是可遇而不可求的。而对于这种特殊造型的自然型材，一旦被碰巧遇上就会令人有将其运用到极致的冲动。

但是如何能在作品中充分体现这种型材的自然之美，才是作者要悉心考究的重点，千万不可过度地进行人工处理而使之失去自然天趣。最好的做法就是因势利导，选择其最佳姿态加以呈现或修饰。修饰性的素材要严加控制，不能过大，切忌过杂，点到即好。

1

2

3

4

1.「做撤」根据枝条的摆放高度，在龙柳的适当位置斜剪一刀。

2.「做撤固定」取一截竹签，长短适宜，可恰好卡在瓶口；将竹签插入剪口放进瓶内，固定在瓶口位置做一字撤。

3.「花材固定」桂花枝插入瓶中，倚挂在龙柳的分杈口；两者基部紧贴，从一个点出。

4.[花材固定]摘一朵蜡花，卡在龙柳的杈口处，如珍宝镶嵌其中。

蜡花（澳洲蜡梅）、桂花枝、龙柳、竹签

手工素烧胚陶瓷禅意小瓶、紫砂茶具

谣歌

YAOGE

处暑天犹热
煮茶却日毒
茶香萦肺腑
明灭谣歌轻

作品解读

艺术审美的一个奇妙境界就是通感的形成，听着琴声仿佛看到画面，看到画面仿佛闻到馨香，闻到馨香仿佛品到滋味，品到滋味仿佛听到琴声。在通感的作用下，人们会通过一个感觉器官的审美感受而调动周身的审美体验，从而使人的心灵获得最大的审美愉悦。而作为艺术创作者，我们要能够在自己的创作中积极引领人们进入这一层次的审美。

在这件作品中，作者通过线条的粗细对比和纵横走向的反差，给人营造了一种香烟袅袅的氛围，又通过粗线条的曲折变化，花叶添加其间形成的抑扬顿挫，创造了美妙的节奏变化，使我们仿佛听到歌声轻轻传来，淡淡升起，若隐若现。

1.「做撒固定」将枯藤折成两端不对称的“V”形，再将其插入瓶中，卡在瓶口位置。

2.「做撒固定」在瓶口做一根横撒，卡住枯藤两端，防止其下滑。

3.「花材固定」①枯藤太直，缺乏美感，人为制造一个折点，使线条富有变化。
②将藤蔓缠绕在枯藤上，其梢部回旋，向前倾斜。
③摘一朵盛开的硫华菊，搭在藤蔓与枯藤的分叉处，仿佛枯藤上开出的金色花朵。

1

2

3

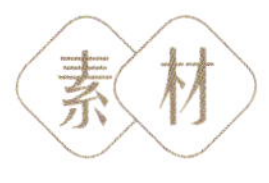
枯枝、硫华菊 、何首乌藤

手工素烧胚陶瓷创意掉渣瓶

节
本性自清净
凭谁说长短
入土不乱序
出世无怠慢

作品解读

本作品虽然只用了竹鞭一种材料，但由于竹鞭本身就具有节序井然、节处拔茎、层次丰富的造型特点，因此并不显得单调，而且由于运用了假借的技术手段，还获得了意想不到的艺术效果，让人疑惑、揣摩。

本作品从外形上看，仿佛竹鞭洞穿了容器侧壁，而拔出水面，生发茎丛。这就不免令人困惑，容器被洞穿的侧壁难道不渗水吗？作者是怎么实现这种穿越的？原来作者只是在容器侧壁的内外分别用两段竹鞭进行的接续式造型。这种艺术创作的技术手法有一个形象的称谓，即“假借”，可以创造以假乱真的艺术效果，情趣横生。插花艺术创作中经常运用假借的手法来获得朽木逢春，老干生花的况味。

1

2

3

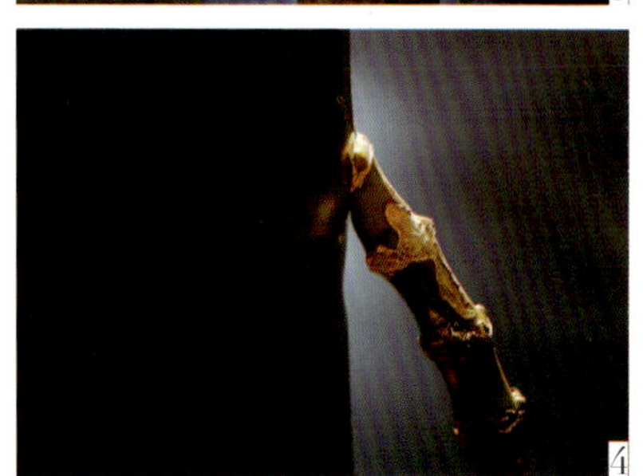
4

5

1.［做撒固定］在瓶口做一根一字撒；竹势头向上，在其基部竖绑一根竹签做平衡撒，防止竹重心不稳。

2.［撒固定］①将竹签插入瓶中，竹的基部抵在瓶壁上，倚靠一字撒固定。
②竹签伸入瓶底做撑点，构成稳定的三点支撑关系；竹向前倾斜，不可搭在瓶口。

3.［花材固定］另取一根粗细相仿、弧度相近的竹，将其顺势立于桌面，多方位比划寻找最佳的衔接角度及位置。

4.［花材固定］确定竹的固定角度及位置后，从其基部截短，再将竹与瓶壁的接触面削成斜面，使二者完全贴合。

5.［花材固定］从正前方看，两段竹完美衔接，宛若一体；新竹顺势而上，充满力量。

竹鞭、竹签

手工素烧胚陶瓷直筒瓶

作品解读

枯枝、白梅，最能引发人们对冬季的联想。冬季在四季中是藏、是养、是孕育的时节，人们在冬季应该适当地放松，减缓生活的节奏，品茶、读书、插花、抚琴、勾描丹青，体味高雅的生活艺术所带给人的无穷乐趣。

所以表达这一主题的插花作品宜简不宜繁，宜淡不宜艳，让人们在欣赏作品时能够获得身心的调养，起到舒缓神经，平复心绪，端正心态，健康心理的愈疗作用。

1

2

3

4

1.「做撒」截取一段竹签，放在枯枝的底部；橡皮筋拉紧，同方向缠绕，将竹签及枯枝捆绑在一起。

2.「撒固定」大拇指抵在竹签的一端，食指勾住枯枝防止其受力弹开；两端收拢形成弹力撒，再将其插入瓶中固定。

3.「花材固定」①利用橡皮筋的弹力，使竹签倾斜卡在瓶壁上、枝条抵在瓶口处；二者受力相反，相互对抗，使枯枝牢牢固定在瓶中。

②调整枯枝走势，使其 45° 前倾；摘一朵蜡花点缀在杯中，与枯枝同方向“眺望”。

4.[花材固定] 取一簇蜡花做焦点，与枯枝同方向倾斜：将枝条与瓶壁的贴合处拉开，利用橡皮筋的弹力，将花压在枝条与瓶壁之间。

容器 手工素烧胚陶瓷禅意瓶、紫砂茶具

素材 枯枝、蜡花（澳洲蜡梅）

MEISONG
梅颂
最晚亦最先
开在霜雪间
不为求孤高
只为伴冬闲

BAOJIAN
宝剑
竹为君子身
君子有肝胆
正气为忠肝
赤心为义胆
忠义何所似
肝胆若利剑
剑锋所指处
剑气森森然
遥忆信国公
星宿乃可参

作品解读

一段尖尖的毛竹，破空而来，两枝轻盈的竹叶，好似凌空的小燕飞舞翩翩，这种刚柔、动静的对比关系在本作品中被拿捏得刚刚好。而翠绿的竹尖与褐黄的竹茎在线条上呈现的连续状态，又是一种假借手法的实际运用，更加强了竹尖所体现的穿刺、超越的力量。

如此锋芒刚劲的力道，如果没有柔软轻盈的异质性材料与之相配，则会显得勇猛有余而情趣不足，所以这两片看似弱势的竹叶在其中的作用却不可小觑。

1.「做撒固定」①竹笋斜剪成两段，将笋尖段的基部向上掰折，形成一个小“V”形，再从中竖直劈开，并截一小段竹笋卡在劈口处做撒。

②将其放入瓶中，撒的一端抵在瓶壁上，另一端顺势倚靠在瓶口固定。

③将竹笋的根部段固定在瓶外，斜口与瓶壁完全贴合，根部斜立于茶杯中；从正前方看，两段竹笋完美衔接，如同一根破瓶而出的新竹。

2.「花材固定」①将竹叶插入笋皮中固定，如同竹节上自然长出的叶片。

②竹叶的倾斜方向与竹笋相反，达到降低作品重心、平衡视觉的效果。

③竹节瓶与竹外形相似，二者搭配更和谐自然、相得益彰。

竹笋、竹叶

手工素烧胚竹节瓶、茶具

惜年少
XINIANSHAO
青丝如水年华好
玉面如花春光浓
畅怀笑谈古今事
敢叫青史称英雄

作品解读

撷的本意其实就是一种中国传统工匠技艺中“巧于因借”理念的实践，因此并不局限其材料本身的形质。本作品就改变了以往插花中以枝段作撷的传统，选用叶片宽阔且叶纤维韧性较好的荷叶作为花材固定的媒介，是“以叶作撷”的新探索，新实践。

这同前面《避风港》中的荷叶穿插枝叶的意义不同，那里的荷叶仅是为造型而用，这里的荷叶在造型以外更取得了撷的效果，在瓶口处稳定了穿插的花枝，具有技术推新的意义，为我们诠释了撷的真正内涵。

1

2

1.「花材固定」①将两片荷叶重叠在一起，增加叶片的层次和分量。
②紫薇花梗穿透荷叶，包裹在卷曲的叶片中间。
③长长短短的黄杨点缀在紫薇花间，使作品更加灵动、跳跃。

2.「花材固定」①将荷叶秆及紫薇花梗一并插入瓶中，荷叶自然立在瓶口，宛如一只盛满珍奇的翡翠匣。
②枯藤穿透荷叶插入瓶中，打破原本扁平的空间，使作品更立体、景深感更强。

素材
瓜子黄杨、枯藤、紫薇、荷叶

容器
手工素烧胚陶瓷创意掉渣瓶

冥想

MINGXIANG

新荷漫卷罗裙
老禅敛坐凝思
一咄苦茶口咸
一团妙想出烟

作品解读

本作品中素材以立体构成四大要素“点、线、面、体”中的“体”为主，花瓶、茶杯，以及荷叶卷曲的造型，都呈现了一定的体量感，三维空间的概念比较明确，这样的素材在作品中占有大量份额，会使整体作品氛围平稳、安静，甚至沉郁，也就是说如果一件插花作品都是以“体”的素材来呈现的话，那么它会沉静有余而动感不足。所以在本作品中作者又加入了线的元素，并且使这些线性元素缺少统一的方向感，呈现乱线的状态，而这种乱也是一种强化了的艺术夸张，目的是营造最为灵动的感觉，以打破作品的沉闷，使画面活跃起来。

1.「花材固定」将卷边荷叶插入瓶中，错落摆放；枯藤向前 45° 倾斜，穿透荷叶插入荷花花柄中固定。

1

枯藤、荷叶

手工素烧胚陶瓷彩釉瓶

相对论

XIANGDUILUN

一点两点虚实中
一杯两杯有无间
说长说短凭谁论
若有若无几时看

作品解读

三个同款茶杯，并排成一条直线，全部都盛满水，这是一种统一；茶杯中有的有花，有的没有，这是一种多样。两个有花的茶杯中均插入同样姿态的同一种花材，这是统一；一个茶杯中的花型同另一个茶杯中的花型在体量上，尤其是高矮上呈现明显的落差，这是多样。

多样统一是造型艺术的基本构图原理，在这件作品中清晰地呈现出来。而且有重复就会有节奏，有同质元素的高低变化就会形成韵律。所以在本作品中我们还能深刻地体会到音乐性的美感特征。可见插花创作素材的多寡并不是其艺术表现力的决定性因素，如何产生好的作品就看对素材要怎样去运用。

1.「做撒固定」从粗枝上截取小枝段，在枝段中间穿一个孔，孔径恰好卡住蜡花枝的基部，不可太大或太小。

2.「花材固定」将蜡花枝竖直插入穿好的孔中，再将其直立放于茶杯中间。

3.「花材固定」①将蜡花枝上的花和叶片全部去掉，只保留梢部的一朵花。
②点、线构图，要突出线条的美感：在枝条的适当位置掰折，使其形成一根前倾的下垂枝；两根枝条走势一致，高低错落。

枯枝、蜡花（澳洲蜡梅）

手工素烧胚陶瓷创意掉渣瓶

泉
QUAN
浑育天成地脉连
醇酿卓然出一眼
一眼涌出情无限
烹茶煮酒味甘甜

作品解读

高瓶、浅杯，如此的落差，在插花创作中这种容器间的组合是比较难于控制的。如果茶杯在这里仅仅只是作为配饰，用来烘托环境，营造氛围，倒还容易处理，然而像这般是作为插花的容器则要费一番考量。

在这件作品中作者先通过一根藤条将两件容器进行串联，再通过一茎小花使二者达到和谐统一，整体画面便生动起来。所以不但这根藤条用得好，其姿态延伸了花瓶的态势，也为其勾勒了新的边界，而且这朵亮丽的小花也甚是精彩，它的花色明亮而抢眼，在冷静的底色上成为生机的亮点，分外可人，同时它的朝向又使其身影投进了花瓶瓶体大面积的黑暗中，为这片静谧的空洞添加了必要的内容，其高低长短、投影落点都恰到好处。

1.「做撒固定」枝条基部弯曲，形成一个小“V”形，将其插入细口瓶中卡住。

2.「花材固定」轻轻掰折枝条，使其向前 45° 下垂成悬崖枝，垂点落入茶杯中固定。

3.「花材固定」将枝条与瓶壁的贴合处拉开，借助撒的弹力，将花压在枝条与瓶壁之间。

1

2

五叶木通、硫华菊

手工素烧胚陶瓷瓶、紫砂茶具

3

QIUSHENG

秋声

秋风慑落叶
瑟瑟发秋声
不为气概亏
只恐惊春梦

作品解读

何为真自然？真正的自然往往不是十全十美的，有健全的，也有残缺的，有荣盛的，也有颓败的，所以追求自然之美的东方自然风从不摒弃黄叶、枯枝，并且常常将这些过时之物与刚刚吐蕊展瓣的鲜嫩新花进行搭配，一方面师法自然之真境，一方面也通过这样颇为有些夸张的对比彰显主花的风华正茂，并体现新老更替，兴衰相继的事物发展之必然规律，具有一种沧海桑田的人生况味。

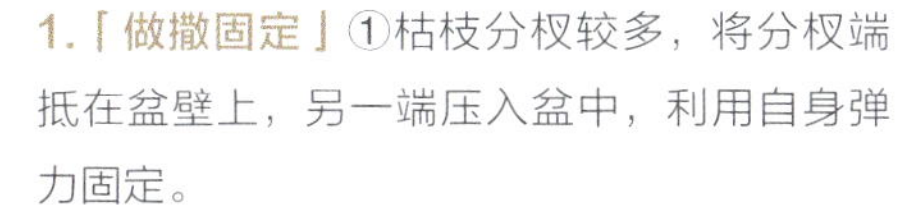

1.「做撒固定」①枯枝分杈较多，将分杈端抵在盆壁上，另一端压入盆中，利用自身弹力固定。

②继续在枝杈上方加入枯枝，固定方式同上；枯枝上下交错，形成网格状撒。

2.「花材固定」将葡萄藤插入网格撒中，倚靠纵横交错的枝杈固定；藤蔓叶面朝上，向前45°倾斜。

3.「花材固定」小菊插入网格撒中固定，所有花均向藤蔓微微倾斜；星星点点、高低错落，既做点缀，又起到聚焦的作用。

1

2

3

葡萄叶、蓬莱松、小菊、枯枝

手工素烧胚花盆

生

SHENG

远山寂寂梦中
枯枝沉沉不惊
天地一派静默
微花悄然玲珑

作品解读

中国插花历来讲究作品同环境的关系，追求的是花、器、配饰、空间的整体效果，其情境自然不是单纯插花造型所能涵盖的，所以研习中国传统插花，把握中国插花的真髓实质，就要讲究插花作品的陈设、配件，以及背景等因素的综合美感呈现。

本作品正是这一综合美感呈现的代表。背景中墨色氤氲的痕迹，仿佛远山的淡彩，为插花延伸了远景内涵；前景茶壶茶杯的摆放，点出了茶席的主题，为插花界定了相应的意境氛围；主景釉彩的容器与插花造型从体量上形成鲜明的对比，仿佛瓶中之物才是表现的主体，而瓶口上方倒扣的枯枝也让人感到有什么宝贝被刻意地隐藏或者正在孕育，那是什么呢？于是几朵探出头来的小花向我们泄露了那瓶中的秘密，是生的力量、生的活力，正在蓄积、汇聚，等待勃发。

1.「花材固定」①枯枝倒插入瓶中，卡在瓶口固定。
②修剪露在瓶外的枝杈，使其走势相同，互不搅杂。
③取一小簇蜡花，插在瓶口的缝隙中做“焦点”。

2.「花材固定」摘一朵蜡花，倚靠在杯中；花仰面向上，望向“母体”。

志存高远
ZHICUNGAOYUAN
欲上青空凌霄汉
欲下寒渊戏龙潭
何须得意世人羡
尽其锋芒已忘参

作品解读

细瘦的锥体通直挺拔，已近于线的概念，这种不蔓不枝、利利落落的姿态，给人以奋进勃发的激励和不屈不挠的鼓舞。根据心理学“内模仿”的理论，经常看到这些积极向上的事物或造型，人也会变得积极进取。所以这种能够给人力量的插花作品会成为人生的真正助力，长期与之相伴，会令人充满对理想的追求和对生活的热情，源源不断地供给人正能量。

插花、赏花决不是一件小事或闲事，不远的将来它会成为人们心理的健康师、美化师，为美好人生、和谐社会发挥更大价值，做出更大的贡献。

1.「做撒固定」将小陶粒倒入盆中，不宜过满，平铺到盆的 2/3 位置即可。

2.「摆件固定」作品中加入风砺石、沉木做装饰更能表现出山野原生态的感觉：将风砺石平放在陶粒表面，小沉木竖直插入陶粒中固定。

3.「花材固定」将竹笋、竹枝直立平行地插入陶粒中，高低错落、疏密有致，前、中、后景层次分明。

4.「花材固定」①竹叶插到负空间位置，前中后均要兼顾。②保留有精气神的竹叶，大叶在下，小叶在上；叶片相互避让，互不搅杂，层次分明。

1

2

3

4

素材 竹笋、竹枝、小沉木、黑色小陶粒

容器 手工素烧胚异形彩釉盆、茶具

幽草

YOUCAO

碧草随风落
处身难拣择
但有一线光
叠翠不厌多

作品解读

最好的创作不是用最好的花材插出绚烂的效果，而是用旁人厌弃的材料给人以精彩的呈现。能够被人预期到艺术效果的创作很难给人以审美惊喜，所以做人所未想，出人意料的创作更会令作者获得挑战性的激励，是艺术创作更高一层次的境界，在中国传统美学理念中，那是“游”的境界，是信手拈来皆成艺术，一点用心便有文章的自在。

这件作品中所用到的植物材料是我们在路边墙角，随处可见的小草。作者将这些寻常物事稍作加工，便给了我们生命的悸动。赞叹不只因为美丽，更因为意想不到，进而也给了我们深刻的启示，在我们身边是不是存在着众多我们不经意就错过的美好！

1.［做撒固定］枯枝分杈较多，将分杈端抵在盆壁上，另一端压入盆中，利用自身弹力固定。

2.［做撒固定］继续在枝杈上方加入枯枝，固定方式同上；枯枝上下交错，形成网格状撒。

3.［花材固定］将细竹枝插入网格撒中，斜立于纵横交错的枝杈间；前中后景均要兼顾，层次分明；竹枝上散下聚，基部收拢，均向同一方向倾斜。

4.［修剪］将多余的枝叶修剪掉，使每根枝、每片叶自由独立、互不搅杂。

1

2

3

4

细竹枝、枯枝

手工素烧胚花盆

作品解读

错综的枝丫交织着罗列便很容易结成网，在这样的网状结构中，小小的花朵便很容易安置，正如同处身于社会大环境复杂人际关系中的我们每个微小的个体，要通过这些关系的界定来找到自己的位置，亲情、友情、爱情……凭借这些关系的支撑我们才得以安身立命。

像这种以点、线元素为表现主体的插花创作，对于构图效果和艺术感染力而言，最为重要的是把握好点、线的聚散关系，有聚有散才能形成画面张力，避免单调，主次明晰。

1

2

3

1.「做撒固定」①枯枝分杈较多，将分杈端抵在盆壁上，另一端压入盆中固定。

②继续在枝杈上方加入枯枝，上下交错，形成网格撒。

2.「花材固定」蜡花插入网格撒中，成簇聚焦在盆的中心位置。

3.「花材固定」将蓬莱松的针叶摘除，插入网格撒中；枯黄的虚枝笼罩在花的上方，枝杈镂空，朦胧如烟。

枯枝、蜡花（澳洲蜡梅）、蓬莱松

手工素烧胚花盆

曦

寒潭深睡足
曦照泛幽光
雾起迷芳草
重结竟未知

DU

渡

天堑苦无路
咫尺未相亲
愿借造化功
凌空即飞渡

作品解读

长方形隔板状容器在插花中并不多见，偶尔有用到的，其插花造型往往为一侧作花型，一侧留白，给人滨水小景的情境感。本作品借助竹鞭的姿态与韧性，令其在容器的两个斜对角间作支撑，形成桥拱的造型，且落脚间开张角度较大，形成飞渡、驰骋的张力。

桥拱之上，整体花型也因势就态，按着竹鞭的方向由一侧向另一侧发散，更是加强了动势的指向性。所选蓬莱松的材质，一方面与竹鞭形成了虚实、点线的对比关系，丰富了画面层次，一方面松竹同性，从花材的人文精神上又取得了协调一致。

1.「做撒」在竹的端口侧剪一刀，截一段硬竹根插入剪口中，形成一个小支架。

2.「撒固定」①竹为弧线型，将其顺势放入浅盆的对角线位置，呈拱桥形；竹两端平剪，使剪口与盆底完全贴合。
②竹根斜立在浅盆中，防止竹重心不稳而歪倒；三点支撑，形成稳定的结构关系。

3.「花材固定」①蓬莱松基部抵在盆壁边缘，倚靠竹向前 45° 倾斜。
②干枯的蓬莱松针叶稀疏，枝杈镂空，如繁星点点，别样朦胧；可虚化竹子僵硬的线条感，同时增强作品的景深感。
③竹枝倚靠在蓬莱松的枝杈口，斜立于浅盆中，且与蓬莱松同方向倾斜呼应。

1

2

3

素材　佛肚竹、细竹枝、蓬莱松

容器　手工素烧胚长浅盆

老梅

LAOMEI

老干病未休
竟日躲炎凉
忽惊普洱香
一动心花放

作品解读

浅色茶具宜观茶汤色泽，但用作插花容器时，考虑到其色彩的重量感不足，不宜作大花型插制。因此本作品中，作者仅用一段较小的枝丫撑起容器上方的一小片空间，而用白色小花在枝丫关节处稍事一点，便告完结，使作品简洁明快，又意味无穷。

这一点白色小花就如同人像之眼，传神写照全在其间，没有它，作品便没有了生命力，仿佛沉到一派混沌之中，有了它，作品便立刻有了顾盼，有了个性，趣味盎然。

1.「做撒固定」将枯枝的两端抵在盆壁上，再将另一根枝杈压入盆中；利用枝杈自身的弹力卡在盆壁上，形成稳定的三点支撑关系。

2.「花材固定」①调整花盆方向，使枯枝向前 45° 倾斜。
②蜡花基部抵在盆壁上，倚靠在枯枝的杈口处，且与之同方向倾斜呼应。

素材 枯枝、蜡花（澳洲蜡梅）

容器 手工素烧胚花盆、茶具

唤
HUAN
风来旗帜掀
唤我开襟袍
策马旧沙场
为君图一战

作品解读

腹圆收口的容器往往给人无限内涵的遐想，所以处理的花型与其大而发散，不如小而汇聚，令人倍感弱水三千仅此一瓢的珍惜。这件小作品就是利用这种审美心理，虽为小器，但仍作小景，小景令人专注，有仔细把玩的耐心，有认真探查的好奇。

而小器做小景还有另外一层功效，即是让小景烘托出小器之大，大到可以执掌江湖。所以本作品中可以一叶为旗，一木为松，这正是中国传统艺术“以小见大”理念在茶席插花中的精彩呈现。

1.「做撒固定」将沉木的一段水平放在瓶口，再由宽至窄，将其推向瓶口边缘，直至沉木两端牢牢卡住为止。

2.「花材固定」桂花枝、小菊均倚靠沉木固定；三者方向一致，相互错开。

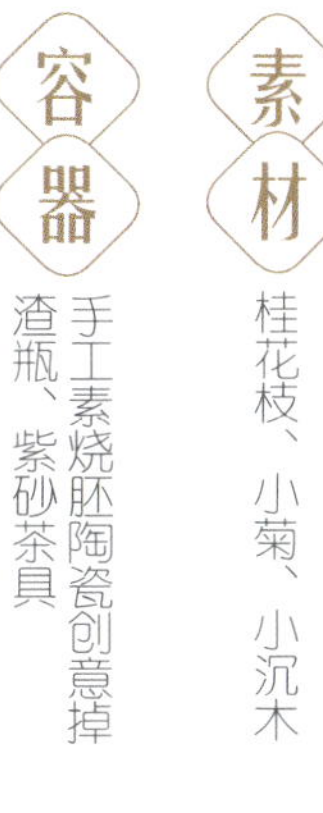

素材

桂花枝、小菊、小沉木

容器

手工素烧胚陶瓷创意掉渣瓶、紫砂茶具

汲取

JIQU

地脉有芳泽
井深琼浆多
人生何所幸
能取一瓢饮

作品解读

这件作品的造型很是有趣，像是作者在跟我们做一个杠杆的游戏，瓶口的构架倒还安稳，这枝梢末端的悬挂却着实危险，让人感觉它似乎马上就要滑落。所以本作品中的妙处和精彩在于作者对均衡的把握，这个平衡构筑得十分巧妙，仿佛稍有一个变动或位移都会引起整个架构的坍塌。譬如这两片叶子，大小、位置、角度、姿态都要精心考究，而且每一片都是不可或缺的，少了哪一片都会使作品重心偏斜，而从审美情趣上讲也将大为逊色。

1.「做撒固定」枯枝水平放置，将靠近基部的分杈枝掰折成“V”形，再将其卡在瓶口固定。

2.「花材固定」将狼尾蕨插在枯枝的杈口中，其基部没入瓶内；枯枝向前 45° 方向倾斜，狼尾蕨与其方向对立，起到平衡视觉的效果。

3.「花材固定」将枯枝的梢部折断，倒挂在枝条末端；改变枝条的走势，使作品线条更富变化。

1

2

3

素材　枯枝、狼尾蕨

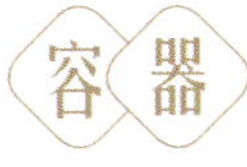

容器　手工素烧胚禅意小瓶

艳
YAN
老夫聊发少年狂
欲将鹤发配红妆
陈茶新焙唱新曲
味苦心甜喜气扬

作品解读

中国茶文化素以清静淡雅、洗练冲和为贵，追求一种宁静致远、返璞归真的境界，因此茶席插花也多呈现出简洁明快的造型特点，在容器和花材的色彩搭配上也以单一色调为主，以营造茶境之空灵，茶韵之幽远。若此作品中如此香艳的配色关系在茶席插花中确属少见，但也未尝不可，如配茶汤口感醇厚，色泽浓郁，香气扑鼻的一类茶饮茶席，还是可以获得相得益彰的效果。

1.「做撒」在枯枝中间斜剪一刀，将剪口外侧掰折到垂直方向，再从中纵剪一刀，形成“V”字撒。

2.「撒固定」枯枝贴瓶口伸入瓶底，“V”字撒两端抵在瓶壁上，形成稳定的三点支撑关系；再将高出瓶口的枯枝剪掉。

3.「花材固定」所有花材均卡在“V”字撒中，倚靠瓶口固定。

1

枯枝、海棠枝、蔷薇花、香豌豆

手工素烧胚禅意小瓶

2

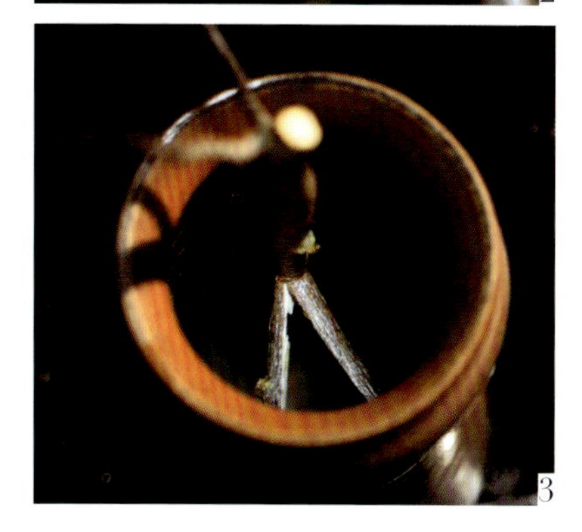

3

临渊

LINYUAN

临渊浴飞瀑
仰首峭壁悬
抬眼天一线
山花尤暄妍

作品解读

多个容器的组合插花作品中，如果容器间的高差较为悬殊，那么容器间的联系、照应就要斟酌仔细。如果是在高器中插制主体花型，那么这个花型最宜有向下延伸的素材或趋势，以呼应矮器的花型。本作品中即是利用藤条的下垂枝，产生了高屋建瓴的态势，而下方矮器则成为其走势的收尾，起到承托、响应的作用。

1.「做撒固定」①取一小截竹签卡在沉木的缝隙中，将沉木插入瓶中，竹签固定在瓶口形成一字撒。
②调整沉木方向，使其顺势前倾。

2.「花材固定」①枯藤从沉木后方插入瓶口的缝隙中，依附沉木固定。
②将枯藤在适当位置弯折，形成一根前倾的悬崖枝；继续多点掰折，做出枯藤的垂坠感。

3.「花材固定」①鸡爪槭、雄黄兰均插入瓶口的缝隙中固定。
②鸡爪槭做前景，向枯藤的对立方向倾斜，起到降低作品重心、平衡视觉的作用；雄黄兰做焦点，微微向枯藤方向倾斜呼应。
③取两只茶杯放在悬崖枝的正下方，鸡爪槭叶面朝上倚靠在枯藤上；雄黄兰直立于杯中，仰面向上，与枯藤的梢部形成“对望”。

1

2

3

素材 枯藤、雄黄兰、鸡爪槭

容器 手工素烧胚花瓶、紫砂茶具

PINCHATINGQIN
品茶听琴
烟波渺渺水天乱
放眼长空云浪掀
三弄稍歇又十面
一入茶韵世态宽

作品解读

蜷曲蜿蜒的藤蔓围合而成的空间最为多变，从不同的视面可以呈现出不同的造型效果。然而对于立体的插花艺术而言，虽可以多面观，但也要选取一个主要视面进行着力加工，否则“面面俱到”的结果也可能是“面面皆亏”，其实精彩绝不是量的堆砌，而是要有所专注。

另外对于框景的边界一定要勇于超越和打破，否则会大失生趣，因为太过规矩、拘束的构图，很难带领人的心灵获得轻松自在的审美愉悦。

1.「做撒固定」将枯藤两端插入细口瓶中，折点处轻轻掰折，使枯藤线条流畅、微微前倾。

2.「花材固定」①雪梅、狼尾蕨均插在瓶口的缝隙中固定。

②另取一根枯枝挂在枯藤上，打破原本扁平的空间，使作品线条更富变化，同时增强作品的景深感。

素材

枯藤、雪梅、狼尾蕨

容器

手工素烧胚花瓶、紫砂茶具

CHAXIAN

茶仙

移步上瑶池
曼舞轻罗袖
连偷数日闲
共茶做神仙

作品解读

中国插花艺术讲究多样统一，那么对于单一素材的插花创作而言，统一是很容易实现的，但多样就比较难求，因为相同的素材在外貌特征上具有较多的相似点，造型、色彩及质感都十分接近，缺少个性。在这种情况下就需要从花材的高低、朝向，或者开放程度等方面入手，使其有所变化，而这一变化如果能沿着某一趋势进行，则很容易形成渐变的艺术效果。

1.「做撤固定」截一段枯木，可恰好卡在浅盆中间；将其从一端劈开一半，劈口向上固定在浅盆 1/3 处。

2.「花材固定」将荷叶插入劈开的缝隙中，大叶在下，小叶在上，均微微向前倾斜。

荷叶、枯枝

手工素烧胚长浅盆

小致

XIAOZHI

老泥筑高峡
点翠成小致
未拟摩天手
不作少年痴

作品解读

本作品利用树皮的造型和其多片叠加时会形成层次间的松紧关系，进行花材固定，从而塑造整体花型的这种做法与前面运用捆扎成束的枝杆来稳定花枝的技巧同出一辙，都是利用的植物材料表面粗糙，多数聚集时可以形成一定的间隙和弹性的特点，通过挤压力和摩擦力来实现花材固定的效果。

因此这个技巧可以广泛地拓展材质的种类，无论是枝杆、树皮，还是落叶，只要不是表面特别光滑，或本身特别脆弱的植物材料都可以用来做这种撒的处理。

但为作品造型考虑，还要讲究材料的形、色，以及质感，是否能够入得作品的画面，如果适宜就可以将其作为一种插花造型的素材，在主视面较好地呈现出来，获得一举两得的功效。在这件作品中树皮的叠加状若嶙峋的山石，恰好为画面增添了古意和野趣。

1.［做撒固定］树皮掰成小块叠在一起，将其竖直贴在瓶口；做一根横撒将树皮紧紧卡住，防止其滑落。

2.［花材固定］迎春做主枝，向前 45° 倾斜；将其插在树皮的缝隙中，利用树皮间的咬合力固定。

3.［花材固定］紫菀做焦点，插在树皮的缝隙间，且微微向主枝倾斜呼应。

1

2

树皮、迎春花枝、紫菀

手工素烧胚创意掉渣瓶

3

中流砥柱

ZHONGLIUDIZHU

立撑一片天
卧开一方土
身前发翠羽
身后青史留

作品解读

同样的素材，而且几乎是同样的组合关系，在不同的放置基点上变化出不同的意蕴与情致，大有“横看成岭侧成峰”的启示和哲思。

我们审美体验的获得取决于我们的审美视角。在艺术赏鉴中，能否体会到作者的创作意图，理解作者的良苦用心，首先要看我们是否与作者处在同一个审美视角，顺则通，横则堵，就像拿着竹竿过城门一样，也要讲求方式方法，而之后究竟能够走多远，达到怎样的审美境界，获得怎样的审美愉悦，则全凭我们自身的审美能力。

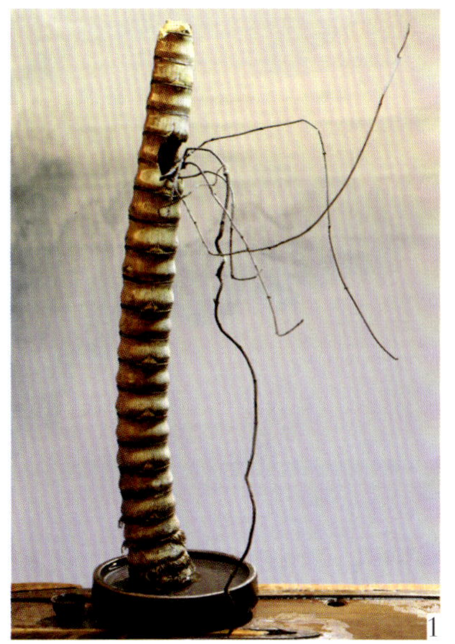
1

1.［做撤固定］将竹筒直立于盆中，枯藤成簇插入开光处，并向前 45° 自然下垂。

2.［花材固定］在盆中加几根细竹枝，与竹筒形成粗细对比：取一根竹枝贴于竹筒基部，底面削平，将其直立于盆中；另取一根竹枝，基部贴于盆壁，上方倚靠在枯藤上固定。

3.［花材固定］将竹叶插入开光处，其基部抵在筒壁上，且与枯藤同方向倾斜。

4.［水平式］竹筒水平放置在浅盆上，插法同直立式；需注意竹叶的层次，叶片势头向上，互不搅杂。

2

3

4

枯藤、竹枝

竹筒、手工素烧胚陶瓷花盆、紫砂茶具

茶香萦绕

CHAXIANG YINGRAO

茶色竞剔透
茶香尚绕梁
常作君子饮
通体君子芳

作品解读

多件容器组合式插花，最忌分散杂乱，不够统一协调，缺少整体感。

在这件作品中，作者先通过藤蔓与荷叶叶柄的缠绕，使花瓶和一只茶杯的花型紧密联系起来成为主体花型，再通过情人草这一散形花材在三个容器中的普遍添加，使三者花型中都具有相同的元素，从而达到了一定程度的统一感。

1.「做撒固定」①将枯藤两端塞入瓶中，使其 45° 前倾。

②将与主体方向搅杂的零碎枝全部去掉，使线条流畅自然，一气呵成。

2.「花材固定」情人草、中国桔梗插入瓶口的缝隙中，与枯藤同方向倾斜；高枝的荷叶、情人草穿过枯藤直立于茶杯中，上方倚靠交错的枯藤固定。

素材

荷叶、二色补血草（情人草）、中国桔梗、枯藤

容器

手工素烧胚花瓶、紫砂茶具

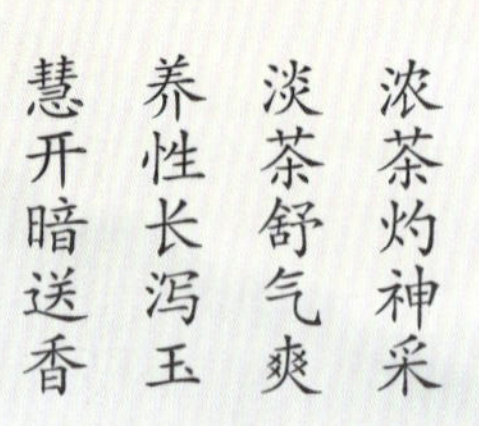
HUI
慧
浓茶灼神采
淡茶舒气爽
养性长泻玉
慧开暗送香

山人妙趣

SHANREN MIAOQU

仗剑独倚天
拂袖翠波悬
浩渺云烟处
茶佬妙过仙

邀茶

YAOCHA

日晚光斜影渐长
意懒兴怠野草塘
有约不至闲垂钓
一叶新茶作饵钩

ZE
泽
厚土藏琼浆
喷薄献佳酿
修身养慧根
他朝济世长

壶志

HUZHI

大肚囊天下
小口出奇葩
不为胸襟小
只求献精华

水墨江南

SHUIMO JIANGNAN

采采莲叶
勾勒乐府江南
水墨淡调
晕开至味清欢

回望

HUIWANG

偶逢旧相识
似忆还似空
来时路漫漫
去路亦匆匆

CHUNLIAN

春恋

香来双飞蝶
翩跹春意喧
人生诚可贵
日日春在在

陶泥

TAONI

粗泥耘细陶
发枝一叶新
古意来远情
今朝楚梦回

撒说——茶席插花

外力撤

外力撤通常利用枝条本身做撤，
人为的将枝条劈开或在适当位置做一个凹槽，
并将其咬合在器口固定，
作撤、造型，一举兼得。
其次是对枝条的天然形态有一定要求的固定方式，
选用带有杈口的枝杈，
将其卡在器皿沿口作撤。

禅心静丽

CHANXIN JINGLI

风静水自清
林疏光自明
清明卓丽影
禅心开纷呈

作品解读

本作品充分体现了点、线、面在插花空间构成中的巧妙结合。静水为面，枝条为线，花朵为点，而花朵的这一点恰恰被水面承托，又被枝条环抱，自然而成焦点。所以作品用材虽少，却不显单调，简洁中自成趣味。

此外，枝条的线性动势和姿态也很重要。枝条横出最忌平直，一波三折方显律动之美。枝上分叉，与叶片的分布也要讲究，切忌均匀一致，缺少变化。因此如此小型作品，细节最是关键，要能把握枝条的自然走势，也要能结合艺术创作原理所讲究的节奏与韵律，在枝条的疏剪和截取上多下功夫，获得了姿态优美的枝条基本上就成功了一半。

1.[选枝、截取] 从火棘枝上截取所需的枝条，保留枝条上下的主干部分。

2.[做撒] 根据枝条的摆放姿态，在适当位置斜剪一刀，注意剪口不可太深，要留有余地，防止枝条折断。

3.[撒固定] 将剪口掰开卡在瓶口上，枝条恢复原状时两端紧夹瓶口，利用其自身的弹力咬合固定。
[枝条修剪] 枝条取拥抱观者的势头，向前 45° 倾斜；修去多余的枝叶，使叶片分离清晰，阳面朝上。

4.[花材固定] 蔷薇花微微向主枝倾斜，与枝条梢部形成呼应；利用花梗的弹力，将其弯曲卡在瓶口位置；注意弯曲花枝的力度，防止花梗折断。

1

2

3

4

素材 火棘、蔷薇花

容器 手工素烧胚陶瓷禅意小瓶

茶 CHA

红绿煎煮味不同
长圆枯润意无穷
若问此身谁得似
一半青衣一半生

作品解读

本作品构图简洁明快，却耐人寻味。看似具象，又说不出所像，看似抽象，又道不明所指，总之必是仁者见仁，智者见智的百花齐放了，恰与不一而足、回味隽永的禅茶精神合一。

作者在本作品中十分讨巧地运用了移花接木的手法，将两个红果移接到一段枯梢上，使原本了无生趣的枯枝顿时充满了生命的活力。这种手法要用得巧妙就必须不露做手，即要能够隐藏人工痕迹，不让人看出接缝的所在。而且还要安置得体，即要求接缝两边的材料要具备一定的同质性，外形、粗细、质感、色泽要能过渡得自然，不能有太过明显的反差，这样才会给人浑然天成之感，不至于被人一眼看穿。

1.「花材固定」剪下一串海棠果，取一根铁丝插入海棠与枯枝中，将其“嫁接”在一起。

2.「做撤」在枯枝的适当位置交叉斜剪两刀，形成一个马蹄形凹槽。

3.「做撤固定」将凹槽卡在瓶口上，利用其弹力咬合固定。

4.「花材固定」调整枝条的走势，使其向前 45° 倾斜，海棠果自然下垂。

1

2

3

4

素材 枯枝、海棠果

容器 手工素烧胚禅意小瓶

青鸟

QINGNIAO

淡茶消暑气
难解心头忧
幸得青鸟顾
骚人却离愁

作品解读

本作品容器与花材的选择形成了颇为鲜明的对比，一为暖而拙，一为冷而雅。而倾斜的插花造型更加强了这种对比的效果，一为沉而静，一为浮而动，所以作品的生气与灵动就自然跃出，无需刻意而为。

如此对比强烈的二者间，调和的处理是十分必要的。与容器具有趋同质感的枯枝乱丛，和与花朵具有趋同质感的纤藤弱蔓，便成为调和二者的必要元素，它们在二者间的穿插、配合，形成了“我中有你，你中有我”的局面，创建了二者的联系，令其巧妙地融合为一体。所以越是小型的作品越是讲究选材，即便是辅助性的材料也不是随便取用和安置的。

1.「做撒固定」从枯枝底部纵剪一刀，将剪口分开，卡在瓶口；枝条恢复原状时两端紧夹瓶口，利用其自身的弹力咬合固定。

2.「花材固定」①藤蔓顺枯枝缠绕，向前 45° 倾斜。
②紫娇花插入瓶口的缝隙中，其基部抵在瓶壁上，倚靠枝杈悬空而立。
③小蜡阳面向上聚在瓶口，压低作品重心的同时起到遮挡生长点的作用。

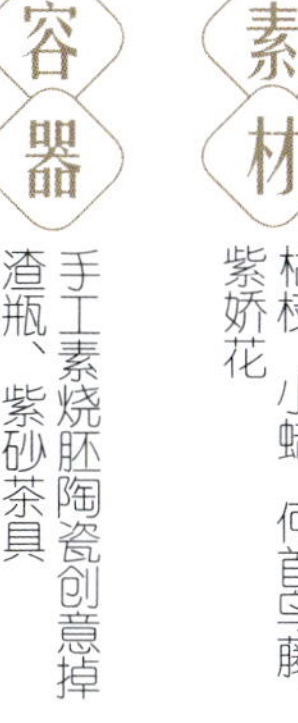

素材
枯枝、小蜡、何首乌藤、紫娇花

容器
手工素烧胚陶瓷创意掉渣瓶、紫砂茶具

灯火

DENGHUO

往来皆是客
寒暄即时欢
长夜且相慰
长路寄远情

作品解读

本作品十分巧妙地采用了两个容器的组合，单纯用枯枝和红枣来构建作品，构思新颖，匠心独运。令人想到古时夜行必备的灯盏，想到客栈门前高高悬挂的灯笼，想到旅人短暂的慰藉，和漫漫长路上依稀存留的温暖。所以不一定是花，或者叶子，只要能够为我们所用，表达我们想要传递的信息的元素都可以在这小小容器中撑起一片天，成为这天地间的主角。

对于多容器组合的插花作品，其容器间的位置关系，花型间的方向关系则十分重要，同向有相随之感，异向相对有相迎之感，异向相悖则有相离之感，想要取得哪种情景效果，还需要作者根据立意加以考量。

1.「做撒」截取两段枯枝，均从基部劈开。

2.「撒固定」①掰开劈口，将枯枝固定在瓶口上，并使其向前45° 倾斜。
②将枝条上的零碎枝修掉，使线条更干净有力。

3.「花材固定」取两颗红枣，分别将枯枝梢部插入枣蒂中，使红枣悬空垂挂；注意穿插的力度：枣质地较密，枯枝较脆，容易折断。

4.[花材固定]该作品为组合式，两根枝条方向对立，层次错开，前后、左右、上下关系均要兼顾；切忌两个作品造型一致、方向相同，否则会显得呆板而缺乏层次。

1

2

3

4

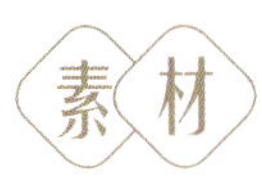

红枣、枯枝

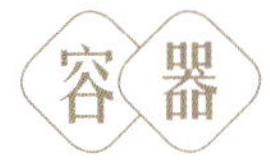

手工素烧胚陶瓷禅意小瓶、紫砂茶具

玉湖春

YUHUCHUN

冰封湖面玉晶莹
春风拂过却含情
脉脉此情凭谁诉
春花石上已成丛

作品解读

以白色瓷碗盛起几块风砺石，石间若干小花小草，这一方滨水景致便活脱脱地呈现出来。虽为水际、堤畔寻常小景，但却能见出独到匠心。

白色瓷碗在生活餐饮中十分常见，但在插花中却很少被当作容器，一是因其体量感不足，难于稳定重心，二是因其色感跳跃，不易驾驭。而在本作品中，白色瓷碗的应用正是其妙处所在，不但为不甚出奇的花型增添了些许别致，更使灯光的处理可以大显身手，成为获得特殊光影效果的基础。

在本作品中，作者通过顶光的运用，使大面积的白色隐匿到阴影中，不但免去了浅色容器的轻飘之感，也使其不至于因强烈的反光而抢眼。同时上部的白色将大量反光给了主体花型，不仅强化了作品主景，更为其笼罩上一层神秘光晕，饶是寻常，却让人别有一番遐想。并且碗口的白色反光成为一道亮线，又将这一隅神秘天地镶边做框，更加拉开了人们的审美距离，谁还敢说这一番景色是寻常！

枯枝、一年蓬、紫菀、荷兰菊、何首乌藤、风砺石

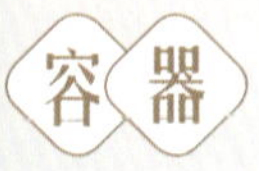

手工素烧胚陶瓷碗

1.「做撒固定」将枯枝的杈口倒挂在碗壁上，再将没入碗底的枝杈提起，利用其弹力，压在另一根枯枝的杈口上；两根枝杈相互支撑、相互压制，形成稳定的回形撒。

2.「加风砺石」花器较大，加风砺石压重，平衡视觉的同时起到稳固和遮挡撒的作用；注：风砺石不可堆积过满，水面需留白 40% 以上。

3.「花材固定」枯枝插入回形撒中，依靠撒的支撑斜立于碗中；藤蔓顺着枯枝缠绕，向临水面伸展。

4.「花材固定」花聚焦在水石交界处，轻盈、跳跃，向临水面倾斜；作品中小花较多、色彩丰富，因此花的层次一定要清晰，不可同高或相互搅杂。

鱼戏

YUXI

风轻飞燕子
波平戏游鱼
上下几穿越
前后有来回

作品解读

本作品中的撒的安置可谓是中国造园中所提倡的"巧于因借"的典范。这种撒在插花作品中的应用实不多见，因为要用得好，用得巧，但却不能刻意而为，这就需要用作撒的材料本身与容器、花型都要适宜才行。而在这件作品中，撒的素材也是造型的元素之一，可谓作撒、造型，一举两得，所以是巧。

艺术创作的很多时候都是不期而遇的巧合创生了艺术的精彩。作为研习艺术创作之法的我们，所要练就的不是等待机会或刻意谋求机遇，而是在各项条件都符合时能够及时把握契机，合理运用素材，实现创作意图，这样才不至于错失良机或者弄巧成拙。

经验告诉我们，一味等待不免消极，太过刻意往往流于做作。如何做到有备而来，而又不唐突妄为，这就还须在平时多下一番师法自然的功夫。

1.「撒固定」将枯枝的杈口倒挂在盆口，枝杈顺势压入盆底，形成多个支撑点。

2.「花材固定」①将盆底的小枝杈提起，利用其弹力压住香豌豆的茎秆；香豌豆自然匍匐，贴在盆底形成支撑。
②将硫华菊的花萼倚靠在香豌豆的茎秆上，基部斜立于浅盆中，两者同方向倾斜。

3.「修剪」将硫华菊的花瓣摘除，只保留向上的一瓣，使作品更具禅意；花自飘零，却仍倔强地绽放最后一丝残红。我虽老、将死，可我仍想让你再看一眼我最美的样子。

1

2

3

素材 枯枝、硫华菊、香豌豆

容器 手工素烧胚陶瓷浅盆

YINIAN

一念

空潭古镜一念横空

心花灵犀万象由心

作品解读

水是茶之媒介与载体，更是禅思冥想的对象，于茶席插花中表现大量的水面空间，不但呼应了茶席的特点，也配合了品道清修的况味。

浅盘插花中表现水体的作品当属主流，并不少见，但以俯视观赏的视角，除浮花的形式之外而能做如此表现的作品却属难得。

本作品有三妙，以撒作桥，横空跨越，不露人工为一妙；枝梢未着沿口竟戛然而止，似桥非桥为一妙；以桥作撒，稳定花材，一桥两撒，一撒两用为一妙。再加上花、叶的完美结合，便使画面呈现出多样的层次空间，能够引发多重的内涵联想。是以“一人一念，心花万象”。

枯枝、荷兰菊、小草

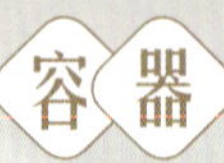

手工素烧胚陶瓷浅盆

1.「做撒」枯枝粗细适中、线条感强，既做主枝，又适合做撒；取拥抱观者的势头，45° 前倾放置，在枝条的内侧交叉斜剪两刀，形成一个马蹄形凹槽。

2.「撒固定」将凹槽卡在盆口，利用其弹力咬合固定；凹槽要恰好卡住盆口，不可太大或太小，防止枝条固定不稳。

3.「撒固定」在枝条背部 1/3 处纵剪一刀，截取一段短木撑在剪口中间，形成一个小三角形缝隙。

4.「花材固定」花和小草插入小三角缝隙中，其根部斜立于盆中，倚靠撒固定；二者均与主枝同方向倾斜呼应。

作品解读

1

本作品运用插花的手法将碗莲叶片的姿态展现于敞口钵器中，恰似碗莲自然生长的状态，也像极水泽沼地中睡莲的生长情境，可谓“此处无花胜有花”。

三片叶材的造型与安置要十分讲究，既要统一又要变化，因此虽都是呈卷叶状，也要有开张角度和卷曲程度的差异。而在空间布局上则要做到其三片叶子重心的三点连线所组成的三角形为不等边三角形，且以钝角三角形或锐角三角形为宜。

2

3

1.「做撤」截取一个 v 形枝杈，在枝杈内侧交叉斜剪两刀，形成一个马蹄形凹槽；枝杈的另一端削尖，插到树皮中固定。注：削剪的人工痕迹要隐藏起来，不要暴露在外。

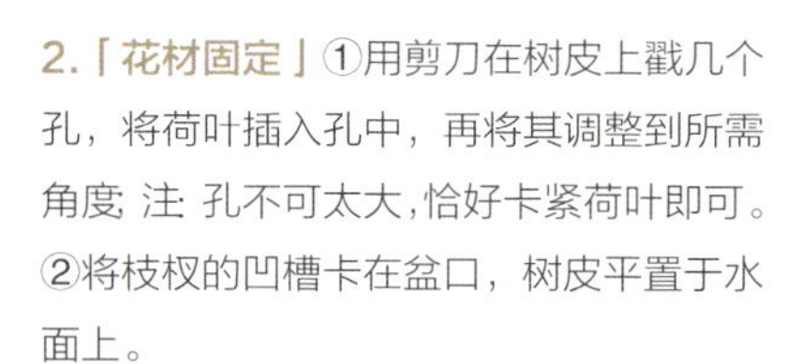

2.「花材固定」①用剪刀在树皮上戳几个孔，将荷叶插入孔中，再将其调整到所需角度；注：孔不可太大，恰好卡紧荷叶即可。②将枝杈的凹槽卡在盆口，树皮平置于水面上。

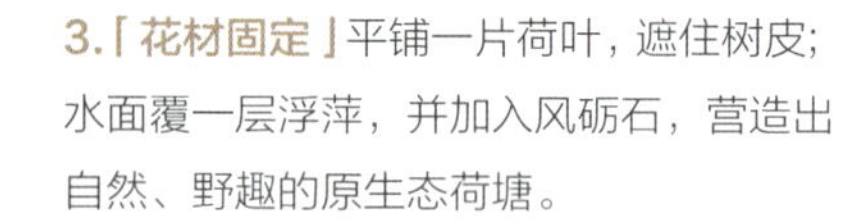

3.「花材固定」平铺一片荷叶，遮住树皮；水面覆一层浮萍，并加入风砺石，营造出自然、野趣的原生态荷塘。

素材　枯枝、枯树皮、荷叶、浮萍

容器　手工素烧胚陶瓷花盆

SHUILIAN

睡莲

水泽深睡足
梦圆方自醒
展卷迎旭日
笑靥对长空

老井
LAOJING
寂寂数十载
寥寥无人睬
井荒不自废
断枝发新来

作品解读

凝重的瓷罐，暗沉的枝段，整体作品中大部分空间被喑哑的氛围所笼罩，感觉不到一点生机，而枝头那一抹似有若无的新绿恰似黎明的第一道曙光，更似婴儿的第一声啼哭，打破这沉寂，向世界高调地宣布“我来啦”。

就艺术创作而言，每一件作品都是作者对某种问题的思考与探索。当我们品着茶香，欣赏着这样一件茶席插花作品时，难免会心生疑窦，作者想要向我们传递的到底是怎样一番情志呢？而在我们见仁见智之时，作者便收获了创作的圆满。

美的真谛并不在于形式本身，而在于由此引发的更加深广的思考和讨论。

1.「做撒」在海棠枝基部交叉纵剪两刀，形成一个楔形剪口。

2.「撒固定」将剪口掰开，卡在瓶口上固定。

3.「花材固定」①轻轻掰折枝条，使其梢部回旋，向前倾斜。②将多余的叶片修剪掉，只保留梢部“回眸”的一片叶。③修剪不要留人工痕迹，剪刀口要隐藏起来。

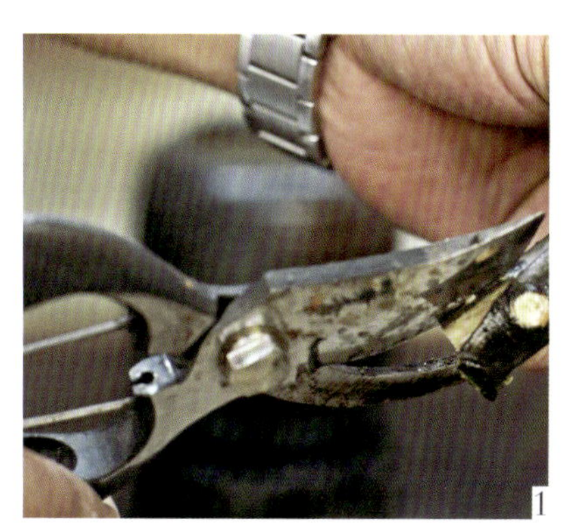

1

2

3

海棠枝

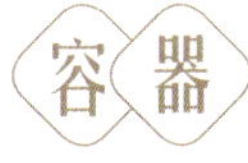

手工素烧胚陶瓷瓶

霜降

SHUANGJIANG

一夜秋露凝寒霜
万般堇色披银装
朽木难禁风乍起
也将枯骨对炎凉

作品解读

本作品以蓝紫为主色调，给人以冷凉之感，背景白色小花，仿佛蒙着一层银灰色的薄霜。加之朽木的运用，倍显秋意苍凉。整体造型呈一致的动势走向，仿佛风吹之态，加之整体色调的冷凉意象，不禁令人“如临秋风”。

在茶席插花中，本作品的用材相对较多，对于多种元素的运用一定要注意统一与协调，避免杂乱与分散。因此作品以写景的手法为每种元素进行了合理安置，分别呈现了前中后、上中下、左中右的三个层次，各个层次间又有联系与贯穿，使得整体画面秩序井然，格调优雅。

1.「撒固定」沉木既做摆件，又起到撒的作用。顺着沉木走势将其摆放在瓶口，45° 前倾展现其最美姿态。

2.「花材固定」①将石竹梅铺在沉木与瓶口的交界处，既作装饰，又可遮挡缝隙。
②春兰叶长长短短地抓在手中理顺，将叶片捆绑成一束，插到瓶口的缝隙中；叶片基部抵在瓶壁上，倚靠沉木固定；注：春兰叶向前 45° 倾斜，叶片互不搅杂。

3.「花材固定」①雪梅插到春兰叶后方做后景，枝条基部收拢，从一个生长点出。
②桔梗插在春兰叶的负空间位置，且与春兰叶同方向倾斜：将其插入花材的缝隙中，利用花材相互支撑、相互咬合的力量固定。

1

2

3

春兰叶、石竹梅、中国桔梗、雪梅、沉木

手工素烧胚陶瓷瓶

漏 LOU

封冻百尺冰如柱
万籁俱寂
春光载载磨细工
滴水穿石

作品解读

本作品以一根藤蔓的线条勾勒大部分空间，将线的美运用到了极致，其下一点白花，身影相照，极致的纯粹。

白色这种无彩色，在插花作品中不但能够起到调和诸多彩色达到协调统一的作用，而且其自身也能创造极好的艺术效果。大面积的白可以创造空间感，打开人们的审美维度；小范围的白或者点状的白则很容易形成聚焦效果，收敛人们的视线。这一件作品中白花的体量和位置恰到好处，正巧落在线形指向的延伸线上与水面形成一个交汇，于是空旷的水面顿时有了内涵，盲动的线条也一下子有了归宿。

1

2

1.「撤固定」将枯枝的杈口倒挂在盆口，枝杈顺势没入盆中，横压在盆底；枝条自身的弹力使其与盆底紧密贴合。

2.「花材固定」调整浅盆方向，使枯枝梢部向前 45° 倾斜。

3.「花材固定」剪下一朵蜡花，保留花梗处的小杈口；将盆中的枝杈提起，利用其弹力压在花的杈口上，使其直立于盆中。

4.[花材固定]将枯藤的基部劈开，掰成 V 字形，再将其卡在横撤上，依靠横撤及盆底的支撑固定。

5.[花材固定]多点位轻轻掰折枯藤，使其 45° 前倾成下垂枝；枯藤梢部恰好落在蜡花的正上方，与花“俯仰相望”。

3

4

5

枯枝、狗尾草、蜡花（澳洲蜡梅）

手工素烧胚陶瓷浅盆

梦禅

MENGCHAN

茶不醉人人自醉
清兴到梦田
策马欢歌鱼得水
赤子情依然

作品解读

本作品是一件意象性较强的组合式茶席插花。两件容器以相对较大的浅盘为主体，搭建整体花型，而以相对较小的茶杯、茶壶为配合，两组容器之间通过一段较粗的藤蔓作连接，使作品整体生成两种不同的境况，一明一暗，一新一老，一动一静。

这里老藤基部落在小茶杯中的设计十分巧妙，试想如果置于台面，像通常所用之法，则老藤一段的枝条仅作基础支撑而用，于插花造型意义不大，更不会生成两相对照的意象空间。如此做法不但一改常规，彰显新意，而且还意蕴深远，引人入胜，堪为妙笔。

1.「做撤固定」①五叶木通线条曲折、极具美感，作品中要把枝条的线条美展现出来。

②枝条取拥抱观者的走势，向前45° 倾斜放置；将枝杈端放入盆中，两端平剪，使剪口与盆底完全贴合；枝条另一端顺势放在桌面上。

1

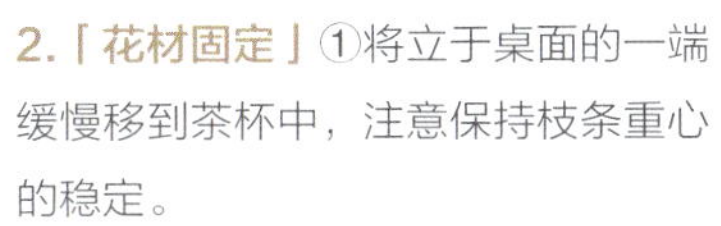

2.「花材固定」①将立于桌面的一端缓慢移到茶杯中，注意保持枝条重心的稳定。

②紫薇花倚靠在枝条上，基部抵在盆壁边缘固定。

③将枝条上多余的枝叶修剪掉，折点处不要留分杈枝，要把折点的美展现出来。

2

素材

五叶木通、紫薇花

容器

手工素烧胚陶瓷花盆、紫砂茶具

JING
劲
风卷残云天昏地暗
驿路黄花笑展疏狂

作品解读

在静态的造型艺术中如何表现动的瞬间，在形象视觉审美中如何体现风的力量，这一直都是值得玩味的主题。而在插花艺术中风的表现势必要通过花材在风的作用下所呈现出的姿态来传达，舞动的感觉也必然会选取最具动势的倾斜姿态进行艺术加工。这件作品恰恰是运用枝条整齐划一的方向性将作品定格在狂风倾倒一切的瞬间。

作品中焦点黄花的位置和姿态很是讲究。如果顺整体花型走势安置这一朵主花则重心会向右侧倾斜，势必需要额外的素材和技术处理才能使画面均衡。而在作品中作者着意让这朵小花形成一定的逆势，不但稳定了花型，而且还彰显了生命在逆境中的顽强挣扎，给人一种搏击的紧迫感。

1.「做撒固定」从枯枝基部纵剪一刀，将剪口掰分开，卡在瓶口上；枝条恢复原状时两端紧夹瓶口，利用其自身弹力咬合固定。

2.「花材固定」调整枯枝方向，使其拥抱观者且向前 45° 倾斜；硫华菊插入瓶中，倚靠枝杈固定。

DUIWANG

对望

高低气韵殊
繁简意无穷
相逢同席坐
对望远江湖

作品解读

本作品是多件组合的插花作品，茶壶、茶杯在这里都不是单纯的配饰，而是作为插花的容器，承载相应的花型。三个花器在平面布局中呈现不等边三角形的关系，正契合中国传统插花经典的布局理念。藤条搭建的框架与浮花进行的点缀共同构筑了作品的前景，前景开敞通透；茶壶盛起的一簇小花草位置偏后，确立了作品的主景，主景汇聚凝练。作品整体的空间关系，使作品具有较为舒展的景深范围，人们的视线在被主景吸引的同时，势必要穿过前景营造的铺垫，而在这样的审美穿越中，心灵便实现了静谧的抵达，于意外邂逅中欣然圆满。

1.「花材固定」①拧转枝条，调整其重心和走势。
②将枝条的基部平剪，放置在瓶口上，使接触面完全贴合；枝条另一端顺势撑在桌面上固定。

2.「花材固定」紫砂壶口半遮半掩，花插在壶口的缝隙中，似冲破束缚的顽强生命；茶杯中点缀一朵荷兰菊，恰如浮花自在飘零。

素材

狼尾蕨、五叶木通、荷兰菊

容器

手工素烧胚陶瓷禅意小瓶、紫砂茶具

作品解读

本作品借茶海的一角做文章，使茶盘具有了花器和茶具的多重功能，也使花入茶席显得更加自然，仿佛就是茶席的一种陈设艺术，用植物材料来加以表现。并且本作品中的插花已然脱离了狭义插花的范畴，你说它是在容器中插制的？我看它则是在环境中某一适宜的平面直接起势作花的类型。因为通常所说的插花容器都是专属器具，即便具备茶壶、茶杯等其他功能，但两种功能不能同时具备，即作为插花容器的同时不能作沏茶、饮茶之用。而这里的茶盘却不同，既为茶杯做了承载，又为花型做了依托，其盘内盛水的特点还可兼顾生花和洗杯之用，可谓一举多得。并且其中竹鞭的姿态和功能也符合架构的理念，所以它当属现代花艺的范畴，是缩微了的小型的架构花艺。

1

2

3

1.「做撤」在竹的一端斜剪一刀，截一段硬竹根插入竹的空心中，做一个支撑撤。

2.「撤固定」①竹向前 45° 倾斜，顺着其势头方向，将撤的一端放入浅盆中，另一端支撑在桌面上；②同时竹根斜立于盆中，形成稳定的三点支撑关系。

3.「花材固定」①兰叶倚靠在交错的须根上，基部斜立于浅盆中，倾斜方向与竹走势相反。
②兰草破凤眼，方显神韵：插三片兰叶，表现出兰草的生长关系即可。
③文心兰与兰叶同方向倾斜，穿梭在兰草的负空间位置，倚靠竹固定。

佛肚竹、文心兰、春兰叶

手工素烧胚长浅盆

清谈

QINGTAN

日午天光暖
新花照水鲜
对饮做清谈
宾客正倚栏

作品解读

中国造型艺术中，一分为二的对称式构图虽然在剪纸、刺绣等民间工艺的图案中广泛流传，但在以植物为造型元素的插花艺术中并不常见，从明清两代插花专著中的相关论述来看，这种构图形式也不被推崇。

作者在这里尝试于等分钵面的树枝上起立花型，为求得作品的生动变化，作者采用倾斜的插花造型，以这种具有一定方向性的动态感来打破对称均衡的沉闷。

1.「做撒」分别在枯枝的两端及中间位置各做一个马蹄形凹槽；两端凹槽方向相同，中间凹槽的方向与两端垂直。

2.「撒固定」将两端的凹槽倒扣在盆口上，再由窄至宽，将枯枝慢慢推向盆口中间，使其固定更牢。

3.「花材固定」①调整浅盆方向，使撒 45° 倾斜摆放；②将女贞花穗插入枯枝中间的凹槽中固定，狼尾蕨与女贞花穗均微微向前倾斜，狼尾蕨的根部立于浅盆及横撒上，构成稳定的支撑关系。

枯枝、女贞花序

手工素烧胚浅盆

CHANGDIXING

长堤行

长堤分秋水
平湖入夜明
风起云遮月
波涌浪潮生

流星

LIUXING

无名无姓寰宇间
万般岁月度流年
忽逢机缘灵光闪
滑过夜空成璀璨

作品解读

竹尖的造型在种类繁多的鲜切花中十分少见，有弧线的流畅婉约，也有剑锋的犀利尖锐。在本书中作者探讨了几种竹笋尖的用法，本作品便是其中之一。

两弧竹笋尖在空中形成交叉的造型，有如晴天霹雳十分惹眼，不觉令人一惊。在这样的情境中，如果还采用同质的刚性元素与之相配，则会使画面过于紧张，因此作者将同是弧线条的几种“柔草”插在作品的另一侧，与竹笋尖形成辉映和衬托，既丰富了作品层次，也给竹尖形成的突发之力进行了适当的舒缓和消解，使画面氛围顿时轻松了许多。

1.［做撒固定］在竹笋基部交叉斜剪两刀，形成一个马蹄形凹槽；竹笋插入瓶中，将凹槽卡在瓶口上固定。

2.［花材固定］在高低瓶中插入高矮不同的竹笋，固定方法同上；竹笋均微微向前倾斜，相互交错，打开前后空间。

3.［花材固定］花材均插入瓶口的缝隙中固定，前中后景均要兼顾，花材之间相互避让，互不搅杂。

1

2

狗尾草、文竹、竹笋、女贞

手工素烧胚花瓶、茶具

3

微风

WEIFENG

轻拂水无痕
淡扫草尖晃
无意动梢头
有意携尘往

作品解读

在碗花的插制中，利用剑山来构筑这种花型是十分常见的，但若省去剑山，而采用撒的理念和手法来完成这样富于层次变化的花型，则实属不易。

作者先通过撒的技巧稳定好主体叶丛，随后其他花材便借助叶丛内部的弹性关系来进行准确定位，使叶丛具备了造型和界定花枝的双重功能，巧妙地避免了冗杂材料的出现，也做到了中国传统插花“起把宜紧”、“瓶口宜清”的造型要求。

1.「做撒固定」①截一段枯木，一端交叉斜剪两刀，做一个马蹄形凹槽；另一端从中间劈开，取一截短木段卡在劈口中间。②将凹槽卡在碗口固定；另取一根细枝，一端劈开，掰成“V”字形，将其插入枯枝的缝隙中，直立固定在碗底。

2.「花材固定」鸢尾叶一叶长、一叶短，一片压着一片，在手上抓好后插入枯木的缝隙中；将细枝拉到鸢尾叶的基部卡紧，使鸢尾叶保持形态，不易变形。

3.「花材固定」①调整碗的方向，使鸢尾叶 45° 倾斜展现。②小蜡、桔梗从鸢尾叶后方插入枯木的缝隙中，二者均向前倾斜；将枝条上向下生长的枝叶全部去掉，使线条更灵动、飘逸。③枯枝向后倾斜，降低作品重心，使整体达到视觉平衡的效果。

1

2

3

鸢尾叶、中国桔梗、小蜡、枯枝

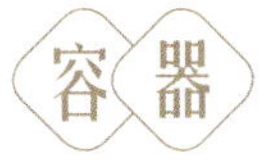

手工素烧胚碗、紫砂茶具

风轻云淡

FENGQINGYUNDAN

风轻幕帘直
云淡日光明
窗前苔痕上
春意正缤纷

作品解读

与西方油画艺术将画布表面全部用颜料填充完满的理念截然不同，中国的绘画艺术讲究空间的“留白”。“留白”不是指用白色颜料占据画面的某个部分，而是在构图中着意空出画面的某个区域不做任何笔触的添加，就是“留空”。中国传统插花艺术创作深受中国绘画艺术理念的影响，因此也十分讲究“留白”，对于较大的容器器口要留出一定的区域不插花，不让花枝的枝脚散乱分布而使器口处自然空出一定的空间。本作品瓶口空间的处理就是因循这一指导思想而实现的造型效果，这种处理对插花作品意境氛围的营造十分有利。

1.「做撤固定」将枯枝的杈口卡在瓶壁上，分杈枝横置于瓶口；分杈枝自身的弹力使其紧压瓶口，牢牢固定。

2.「花材固定」①将山藤弯曲插入瓶中，两端卡在撤与瓶口的交界处固定。
②将山藤与撤的贴合处拉开，利用其弹力压住另一根山藤，使其 45° 前倾做主枝。

3.「花材固定」所有花材均插入撤与瓶口形成的缝隙中，倚靠撤、瓶壁，以及花材间相互支撑的力量固定；上中下、左中右、前中后均要兼顾，花材相互避让，层次分明。

1

2

3

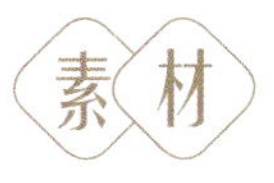
枯枝、山藤、芒萁、千代兰、鸟巢蕨、二色补血草（情人草）

手工素烧胚花瓶

作品解读

大肚浑圆的圆形容器在茶席插花中虽不易营造或清新雅秀或苍莽寥旷的禅境，但给人一种圆融的可爱，像极那些憨态可掬的茶宠，适宜表现一种大智若愚的境界，也是一种人生的睿智和禅茶的况味。

另外，圆形往往给人滚动的不安定感，因此本作品采用水平式的插花造型来平衡人们的视觉心理。虽然也形成了由一侧向另一侧发散、延伸的动态趋势，但整体花型的律动较为平缓，一方面可以稳定容器所蕴含的不安定因素，一方面也为作品带来了别样情趣。

1

2

3

4

1.「做撒」枯枝水平放置，取拥抱观者的势头，从基部劈开。

2.「撒固定」将劈口掰开，卡在瓶口，利用劈口两端的咬合力固定。

3.「花材固定」藤蔓顺枯枝缠绕，其基部插入枯枝与瓶口的交叉处固定。

4.「花材固定」①取一簇矮牵牛，插入枯枝与瓶口的交叉处，借助枯枝与瓶口的支撑固定。
②花向着藤蔓方向倾斜呼应，将茎杆上的烂叶、交叉叶、下垂叶全部去掉，使作品更轻盈通透。

枯枝、牵牛花藤、矮牵牛

手工素烧胚创意掉渣瓶、紫砂茶具

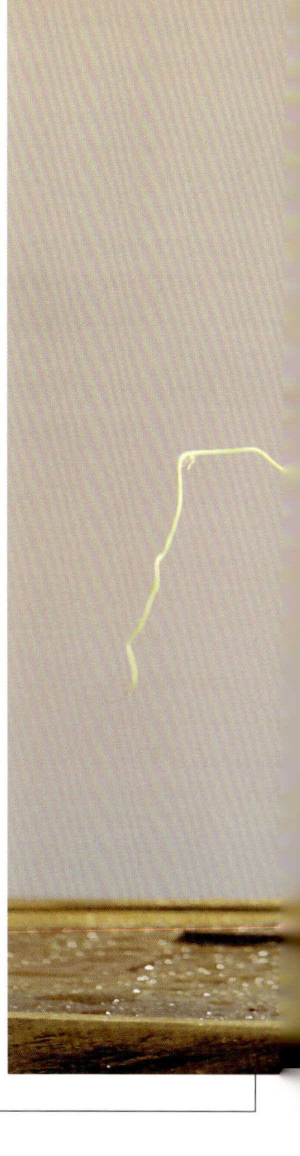

锦囊

JINNANG

大肚撑船
慧根一线
憨态可掬
妙趣横生

作品解读

本作品器小、花小，所以极尽小致，像这样体量轻巧，体态不惊的微型茶席插花作品，适宜小型茶席或配新茶品赏为宜，以求意境或趣味上的统一。目前国内非物质文化遗产的传习之风盛行，许多中小学生也加入到研习茶艺的行列当中，这种小巧精致的茶席插花最适合他们这样的稚子所置的茶席，天真烂漫，童趣可嘉。

1.「做撒固定」将枯枝的杈口倒挂在杯壁上，分杈枝紧压杯口且微微前倾，利用自身弹力固定。

2.「花材固定」将矮牵牛的花梗钩挂在枯枝上，使其斜立于杯中固定。

容器 紫砂茶具

素材 枯枝、矮牵牛

斗茶

DOUCHA

茶汤几泡色不同
几泡茶汤味径庭
重色重味谁属意
竞插花彩助头筹

XIAOLOUYIYE TINGCHUNYU

小楼一夜 听春雨

春来尚有轻寒
雨沐陈枝微暖
遥忆放翁当年
可共茗香夜阑

作品解读

本作品枝也婆娑，花也婀娜，造型中所有花材的姿态都飘渺不定，亦真亦幻，如果用一般体量的容器很难平衡这种虚幻，因此作者采用了宽肩、筒深、色暗的花器使作品获得实实在在的感觉，而且容器瓶身的落差刚好给下垂枝丛提供了充足的延展空间。

插花造型中，下垂枝条不宜碰触地面，因为垂枝就下，处理不好很容易给人垂头丧气的萎靡之感，一旦碰触地面就仿佛生气在此即断，垂枝即为落枝，落而尚悬，拖沓粘连，其姿不雅，其况甚哀。

1.「做撒固定」①紫荆从基部剪开，将其卡在瓶口固定；②紫荆做主枝，向前 45° 倾斜；在枝条的适当位置，将其掰折到所需角度。

2.「花材固定」①从紫荆枝上剪下若干小枝杈，将其挂在主枝上，枝杈相互纠缠，悬空而下。
②取一小截粗木段，在木段中间穿一个孔，将牵牛花梗插入孔中。
③取一只茶杯放在枝杈的下方，牵牛花置于茶杯中，仰面向上，与枝杈的梢部形成“对望”。

3.「花材固定」紫荆叶插在瓶口，叶面朝向主枝；新叶寥寥，点缀即可。

1

2

3

素材 紫荆、矮牵牛

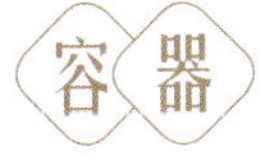
容器 手工素烧胚创意掉渣瓶、紫砂茶具

PINGHUA
瓶花
瓶是坐禅翁
叶是枝底风
风来花不动
花是瓶中圣

苦禅

KUCHAN

嶙峋出奇境
峥嵘自成峰
何事惹悲悯
老苦亦甘甜

人生随喜

RENSHENG SUIXI

一瓣馨香一叶舟
一抹红尘一心忧
舟随浮波岸难求
人生随喜无妄忧

禅家
CHANJIA
一念一花开
一动一自在
静安清瘦身
磅礴胸中怀

后记

巧于因借

计成作《园冶》第一篇《兴造论》中有这样的论述："园林巧于'因''借'，精在'体''宜'"[1]，第二篇《园说》中有："虽由人作，宛自天开"[1]。对于研习中国插花艺术的人而言，后面这句话是入门的必修功课，因为它是中国插花艺术，尤其是传统插花艺术所秉承的宗旨，是创作追求的至高境界，可以说是尽人皆知。然而对于前面的"巧于因借，精在体宜"的论断却所知者甚少。为什么要在这里提及此事呢？因为在同倪志翔老师合作这本新书期间，作品中大量的花材固定技巧所反映出来"撒"的作用和效果，已不单纯是固定花枝、稳定花型之法，还有配合造型之效，投射出更加智慧的光彩，而这种光彩正是计成"巧于因借"的造园理念在插花艺术中的具体实践和应用。

"'因'者：随基势之高下，体形之端正，碍木删桠，泉流石注，互相借资；宜亭斯亭，宜榭斯榭，不妨偏径，顿置婉转，斯谓'精而合宜'者也。'借'者：园虽别内外，得景则无拘远近，晴峦耸秀，绀宇凌空，极目所至，俗则屏之，嘉则收之，不分町疃，尽为烟景，斯所谓'巧而得体'者也。"[1]可见所谓"因"通俗一点就是要具体问题具体分析，根据实际情况有所变通。所以做"撒"的材质可以多种多样，其形式和造型依据插花时的具体需要也可以呈现多种多样的变化，宜长则长，宜短则短，宜横亘器口，就不费力直入，宜一线洞穿，就不劳捆扎绑缚之功。所谓"借"则可以联系到"撒"的功能问题，如果"撒"的外貌特征有助于插花意境的营造或主题的表现则用，如果不利于就藏，而无论怎样都要尽量隐去或弱化插花造型中"撒"的概念，令人看不出做撒的痕迹，才是借得巧，借得妙。比如前面利用树皮固定花枝的作品中，树皮创设了嶙峋古拙的石矶效果，其上生花，具有岁月苍茫的老境，十分得宜，没有一丝唐突之感。另外当人们在欣赏插花作品时，如果一下子未能看出花枝固定的方法，就会引起人们的好奇，引发人们探寻的兴趣，从而丰富人们审美体验的层次，加强审美活动的意义。

对于实在藏不起来的"撒"，我们就要尽量将其做得简洁明快，让其造型不妨碍插花作品的整体效果，"因"得好，"借"得妙，让人在欣赏插花艺术的美感呈现时，也惊叹于技法的高妙，同样会使审美愉悦更进一层。比如前面一件先用一段撑于盘口的树枝夹住鸢尾叶片，后借鸢尾叶片间的弹性来稳定花枝的浅盘插花作品，因为所用容器是浅盘，矮身扩口，且要借水取境，所以花枝基脚无可遁形，任何的人工处理都难逃外泄。既然无处可逃就无需再逃，于是作者大胆地采用了曝露的效果，非但从花型、意境的审美角度未显一丝尴尬，且如此精湛的技法实在令人佩服，可堪研习之典范。

其实艺术本身就是"巧于因借"的代表，无论中西文明都讲究寓教于乐，而所谓"寓教于乐"就是主张教育要通过艺术和美的形式来进行，通过艺术来进行教育可以事半功倍。所以艺术虽以审美为其主要功能，但却不只这一重功能，艺术还具有更为深远的启智的功能。插花艺术也是如此，对于广大的仅是来欣赏插花的人民群众，它所主要体现的是审美功能，但对于插花艺术的研习者来说，它必须能发挥出它启迪智慧的作用，才能不辱使命，不负人们的青睐和器重。所以在这本书中倪志翔老师将其多年研习和从事插花艺术的创作中对于中国传统插花花材固定的"撒"的理念的灵活运用与多种实践，借助茶席插花的艺术表现形式进行了详细而具体的展示，以期将"神秘"的"撒"的技艺实用化，使其简便易学，为更多喜爱插花的人所掌握，从而促进插花艺术的推广和普及。同时，我们也期待能借此抛砖之举，可以令插花创作者在技艺、技法方面，尤其是花材固定的技法方面打开思路，深入思考，不断创新，起到引玉之效，从而对插花艺术的繁荣和发展有所贡献。

賈軍

2017年教师节于靖怡轩

[1] 园冶图说，［明］计成著；赵农注释．济南：山东画报出版社，2003.1

合作品牌

花客插花

“花客插花”是一款专业的插花艺术直播APP，是目前中国第一家插花艺术远程教学直播的媒体。花客设有世界华人插花花艺协会专区，世界华人花艺大师们会在专区实时直播，花客可与QQ、微信账户关联，喜欢插花艺术的朋友用手机就可以看直播学插花。也可以通过分享到朋友圈，微博，微信邀请好友观看，真正意义上做到全民学插花。

国际花商联（INTERFLORA）

世界上规模最大、最权威、也是历史最悠久的鲜花组织；拥有百年历史，会员来自全球185家国家和地区。INTERFLORA World Cup（世界杯花艺大赛）是INTERFLORA主办的世界最高级别花艺赛事，每四年举办一次，迄今已举办14届。UNIFLORIST（优尼鲜花）是INTERFLORA中国唯一管理机构，全面负责INTERFLORA中国地区的会员管理与服务。UNIFLORIST Cup（优尼杯）是由优尼牵头主办的国内最专业的花艺竞技类比赛，也是中国选手参加世界杯花艺大赛、走上国际花艺巅峰舞台的唯一晋级通道。

亚生园艺

广州亚生园艺公司成立于1998年，专业提供各类切花、切枝、切叶，有1000亩种植基地，并建立了200亩温室。为2008年北京奥运会和2010年广州亚运会的叶材指定供应。产品的种植使用传统的有机堆肥外，并大量自行生产微生物有机肥，以确保产品质量并兼顾土壤的持续使用。